算数検定

実用数学技能検定
文章題練習帳

THE MATHEMATICS CERTIFICATION INSTITUTE OF JAPAN [THE 6th GRADE]

6級

公益財団法人 日本数学検定協会

まえがき

　小学校であつかう数の範囲では,「ある数を1よりも小さい数でわると答えは大きくなります」が, それはいったいなぜなのでしょうか。

　この質問にきちんと答えられるのは大人でも少ないと思います。その理由は, わり算の意味をきちんと理解していないことが原因です。

　小学校で習う算数の内容は, 数や形にふれあいながら, たし算, ひき算を理解し, さらに九九を覚えながらかけ算を学び, わり算へとつながっていきます。四則演算のツールが出そろったところで, たし算とかけ算などが組み合わさったときの計算のルールを学んだり, 大きな数や小数, 分数といった新しいアイテムを使って計算したりするなど, どんどんと学ぶ内容が増えていきます。ここで大事なのは, どの内容にもむだがないということです。教科書によって学ぶ順番に違いはあるものの, 大まかにとらえると過去に習っていた内容は今の学習につながり, そこで得られた知識は次の学年で習う内容へとつながっていきます。また小学校で習う算数の理解度が高いか低いかによって, 中学校以降で学ぶ数学が得意になるかどうかが決まってくるわけです。

　「実用数学技能検定(算数検定)」6〜8級では, 小学生が苦手とする内容が出題されることもあります。しかし, わからない問題に直面したときは, あわてずにすでに習った学習内容を復習して, その学習内容がどのようにいま習っている学習内容につながっているかをよく考えてみることが大事です。こうした学習のくり返しによって, 算数の本当の力が身についていくことになります。そして算数検定は, そうした自分の算数力を確かめるためのツールとなっています。

　算数検定を使って自分の算数力を確認し, あらためてかけ算やわり算の本当の意味を理解してください。そしてくり返しとなりますが,「ある数を1よりも小さい数でわると答えは大きくなる」その理由を, 自分自身で見つけだしてください。

公益財団法人 日本数学検定協会

目　次

まえがき	3
目次	5
この本の使い方	6
検定概要	8
受検方法	9
階級の構成	10
6級の検定基準（抄）	11

第1章　数と式に関する問題　13

1-1	倍数と約数	14
1-2	小数	18
1-3	分数	22
1-4	小数と分数	26
1-5	文字と式	28
1-6	単位量あたりの大きさ	32
1-7	比	36
	確認テスト	40

第2章　比例と反比例に関する問題　43

2-1	比例と反比例	44
	確認テスト	48

第3章　速さに関する問題　51

3-1	速さ	52
	確認テスト	56

第4章　統計に関する問題　57

4-1	百分率とグラフ	58
4-2	資料の調べ方	62
4-3	場合の数	66
	確認テスト	70

チャレンジ！長文問題　73

付録　図形に関する問題　79

1	図形の角	80
2	対称と合同	82
3	拡大図と縮図	86
4	面積	88
5	体積	92
	確認テスト	94

解答と解説　97

この本の使い方

　この本は文章題を中心とした問題集です。
　問題を解くために必要な情報を，問題文から正しく読み取れるようになることを目指しています。
　「例題」「練習」「確認テスト」の順に問題を解いて，問題文の読みかたを身に付けましょう。
※『算数検定』受検に対応するように，付録として図形問題ものせています。

1 例題を読む

重要な部分には，問題文に色や下線が付いています。
どこに注目すればよいか，考えながら読みましょう。

特に大切な部分には双眼鏡マークが付いています。

公式や用語の説明，問題を解くためのポイントです。
しっかり覚えましょう。

例題

あまりが出ないということは？

56本のえん筆と，42冊のノートがあります。どちらも同じ数ずつあまりが出ないようにできるだけ多く人に配ります。これについて，次の問題に答えましょう。
(1) 何人に配ることができますか。
(2) 1人分のえん筆とノートの数をそれぞれ求めましょう。

何を答えるのかな？

約数・公約数・最大公約数
・ある数をわり切ることのできる整数を，その数の約数といいます。
・2つの数に共通する約数を，その2つの数の公約数といいます。また，公約数のうちで，いちばん大きい数を，最大公約数といいます。

「あまりが出ない」⇒「わり切ることができる」
　　　　　　　　⇒「約数」を考えるよ！

(1) あまりが出ないように配るので，えん筆を配ることができる人数は56の約数，ノートを配ることができる人数は42の約数になります。
　56の約数 ①，②，4，⑦，8，⑭，28，56
　42の約数 ①，②，3，6，⑦，⑭，21，42
　えん筆とノートを同じ数ずつ配るので，
　配る人数は56と42の公約数になります。
　できるだけ多くの人に配るので，
　56と42の最大公約数の14（人）が答えです。

56と42の公約数に○をつけてみよう。

答え 14人

(2) 56本を14人に配るので，56÷14＝4（本）
　42冊を14人に配るので，42÷14＝3（冊）

えん筆とノートの数をそれぞれ求めよう！

答え えん筆4本，ノート3冊

ぼくたちからのヒントもあるよ。

2 練習問題を解く

穴うめ問題になっています。
例題の考えかたを参考にしながら穴うめしましょう。

> **練習**
>
> たての長さが 16cm、横の長さが 12cm で、1ますがたて 1cm、横 1cm の正方形の方眼紙があります。この方眼紙を、方眼のます目にそってあまりが出ないように同じ大きさの正方形に切り分けます。できるだけ大きな正方形にするとき、次の問題に答えましょう。
> (1) この正方形の 1 辺の長さは何 cm になりますか。
> (2) この正方形の紙は何枚できますか。
>
> (1) 方眼のます目にそって切るので、切り分けた紙のたての長さは 16 の (ア) 、横の長さは 12 の (イ) になります。
>
> 「あまりが出ないように」とあるから、16 や 12 をわり切ることができる数を考えるよ。
>
> 正方形は、辺の長さがすべて等しいので、正方形の 1 辺の長さは 16 と 12 の公約数です。
> 16 の約数 1、(ウ) 、(エ) 、8、16
> 12 の約数 1、(オ) 、3、(カ) 、6、12
> できるだけ大きな正方形にするので、
> 16 と 12 の最大公約数の 4(cm)が答えです。　**答え** 4cm
>
> (2) たて、横をそれぞれ何等分するかを考えます。
> たては、16÷(キ) ＝4（等分）
> 横は、12÷(ク) ＝3（等分）
> 正方形の紙のまい数は、4×3＝12（枚）　**答え** 12枚
>
> **答え** (ア) 約数 (イ) 約数 (ウ) 2 (エ) 4 (オ) 2 (カ) 4 (キ) 4 (ク) 4

穴うめ問題だからわかりやすいね。どんな解きかたをすればよいか、問題文を確認しながら進めよう。

3 確認テストを解く

章の最後には確認テストがあります。問題文に色や下線は付いていません。
自分で問題を読み解くことができるか、チャレンジしてみましょう。

長文問題にチャレンジ！

付録の前に、チャレンジ問題として長文問題をのせています。
日常会話や資料などの長文を読んで、必要な情報を見つけ出し、問題を解いてみましょう。

検定概要

「実用数学技能検定」とは

「実用数学技能検定」(後援＝文部科学省。対象：1～11級)は，数学・算数の実用的な技能(計算・作図・表現・測定・整理・統計・証明)を測る「記述式」の検定で，公益財団法人日本数学検定協会が実施している全国レベルの実力・絶対評価システムです。

検定階級

1級，準1級，2級，準2級，3級，4級，5級，6級，7級，8級，9級，10級，11級，かず・かたち検定のゴールドスター，シルバースターがあります。おもに，数学領域である1級から5級までを「数学検定」と呼び，算数領域である6級から11級，かず・かたち検定までを「算数検定」と呼びます。

1次：計算技能検定／2次：数理技能検定

数学検定(1～5級)には，計算技能を測る「1次：計算技能検定」と数理応用技能を測る「2次：数理技能検定」があります。算数検定(6～11級，かず・かたち検定)には，1次・2次の区分はありません。

「実用数学技能検定」の特長とメリット

①「記述式」の検定

解答を記述することで，答えに至る過程や結果について理解しているかどうかをみることができます。

②学年をまたぐ幅広い出題範囲

準1級から10級までの出題範囲は，目安となる学年とその下の学年の2学年分または3学年分にわたります。1年前，2年前に学習した内容の理解についても確認することができます。

③取り組みがかたちになる

検定合格者には「合格証」を発行します。算数検定では，合格点に満たない場合でも，「未来期待証」を発行し，算数の学習への取り組みを証します。

合格証　　未来期待証

受検方法

受検方法によって，検定日や検定料，受検できる階級や申込方法などが異なります。くわしくは公式サイトでご確認ください。

個人受検

日曜日に年3回実施する個人受検A日程と，土曜日に実施する個人受検B日程があります。
個人受検B日程で実施する検定回や階級は，会場ごとに異なります。

団体受検

団体受検とは，学校や学習塾などで受検する方法です。団体が選択した検定日に実施されます。
くわしくは学校や学習塾にお問い合わせください。

検定日当日の持ち物

持ち物	1～5級 1次	1～5級 2次	6～8級	9～11級	かず・かたち検定
受検証(写真貼付)※1 ※1～3級は写真貼付必須	必須	必須	必須	必須	
鉛筆またはシャープペンシル(黒のHB・B・2B)・消しゴム	必須	必須	必須	必須	必須
ものさし(定規) ※マルチ定規は使用不可		必須	必須	必須	
コンパス		必須	必須		
分度器			必須		
電卓(算盤)※2		使用可			

※1 団体受検では受検証は発行・送付されません。
※2 使用できる電卓の種類　○一般的な電卓　○関数電卓　○グラフ電卓
　　通信機能や印刷機能をもつもの，携帯電話・スマートフォン・電子辞書・パソコンなどの電卓機能は使用できません。

階級の構成

	階級	構成	検定時間	出題数	合格基準	目安となる学年
数学検定	1級	1次：計算技能検定 2次：数理技能検定 があります。 はじめて受検するときは1次・2次両方を受検します。	1次：60分 2次：120分	1次：7問 2次：2題必須・5題より2題選択	1次：全問題の70%程度 2次：全問題の60%程度	大学程度・一般
数学検定	準1級		1次：60分 2次：120分	1次：7問 2次：2題必須・5題より2題選択		高校3年程度 (数学Ⅲ・数学C程度)
数学検定	2級		1次：50分 2次：90分	1次：15問 2次：2題必須・5題より3題選択		高校2年程度 (数学Ⅱ・数学B程度)
数学検定	準2級		1次：50分 2次：90分	1次：15問 2次：10問		高校1年程度 (数学Ⅰ・数学A程度)
数学検定	3級		1次：50分 2次：60分	1次：30問 2次：20問		中学校3年程度
数学検定	4級		1次：50分 2次：60分	1次：30問 2次：20問		中学校2年程度
数学検定	5級		1次：50分 2次：60分	1次：30問 2次：20問		中学校1年程度
算数検定	6級	1次／2次の区分はありません。	50分	30問	全問題の70%程度	小学校6年程度
算数検定	7級		50分	30問		小学校5年程度
算数検定	8級		50分	30問		小学校4年程度
算数検定	9級		40分	20問		小学校3年程度
算数検定	10級		40分	20問		小学校2年程度
算数検定	11級		40分	20問		小学校1年程度
かず・かたち検定	ゴールドスター			15問	10問	幼児
かず・かたち検定	シルバースター			15問	10問	幼児

6級の検定基準（抄）

検定内容および技能の概要

検定の内容	技能の概要	目安となる学年
分数を含む四則混合計算，円の面積，円柱・角柱の体積，縮図・拡大図，対称性などの理解，基本的単位の理解，比の理解，比例や反比例の理解，資料の整理，簡単な文字と式，簡単な測定や計量の理解 など	**身近な生活に役立つ操作を伴う算数技能** 1. 容器に入っている液体などの計量ができる。 2. 地図上で実際の大きさや広さを算出することができる。 3. 2つのものの関係を比やグラフで表示することができる。 4. 簡単な資料の整理をしたり，表にまとめたりすることができる。	小学校6年程度
整数や小数の四則混合計算，約数・倍数，分数の加減，三角形・四角形の面積，三角形・四角形の内角の和，立方体・直方体の体積，平均，単位量あたりの大きさ，多角形，図形の合同，円周の長さ，角柱・円柱，簡単な比例，基本的なグラフの表現，割合や百分率の理解 など	**身近な生活に役立つ算数技能** 1. コインの数や紙幣の枚数を数えることができ，金銭の計算や授受を確実に行うことができる。 2. 複数の物の数や量の比較を円グラフや帯グラフなどで表示することができる。 3. 消費税などを算出できる。	小学校5年程度

6級の検定内容は以下のような構造になっています。

小学校6年程度	小学校5年程度	特有問題
45%	45%	10%

※割合はおおよその目安です。
※検定内容の10％にあたる問題は，実用数学技能検定特有の問題です。

1章 数と式に関する問題

［実用数学技能検定 文章題練習帳］6級

例題

1箱12個入りのクッキーと1箱8個入りのケーキが売られています。クッキーとケーキがどちらも同じ数になるように買います。できるだけ少ない数を買うとき，次の問題に答えましょう。

(1) クッキーとケーキが何個ずつになるように買えばよいですか。
(2) クッキーとケーキを，それぞれ何箱買えばよいですか。

何を答えるのかな？

倍数・公倍数・最小公倍数
・ある数に整数をかけてできる数をその数の倍数といいます。
・2つの数に共通する倍数を，その2つの数の公倍数といいます。また，公倍数のうちで，いちばん小さい数を，最小公倍数といいます。

(1) 買う箱の数を増やしていくと，クッキーは12個ずつ，ケーキは8個ずつ増えるので，クッキーの数は12の倍数，ケーキの数は8の倍数になります。

12の倍数　12, ㉔, 36, ㊽, 60, 72, …
8の倍数　8, 16, ㉔, 32, 40, ㊽, …

クッキーとケーキがどちらも同じ数になるように買うので，クッキーとケーキの数は12と8の公倍数になります。

できるだけ少ない数を買うので，12と8の最小公倍数の24（個）が答えです。

12と8の公倍数に○をつけてみよう。

答え 24個

(2) クッキーは1箱12個入りなので，24÷12＝2（箱）
ケーキは1箱8個入りなので，24÷8＝3（箱）

クッキーとケーキそれぞれの箱の数を求めよう！

答え クッキー　2箱　　ケーキ　3箱

練習

> ならべるルールに注意しよう

たて 4cm，横 10cm の長方形のタイルを，同じ向きにすき間なくならべて，できるだけ小さい正方形をつくります。これについて，次の問題に答えましょう。

> 正方形の特ちょうは？

(1) この正方形の1辺の長さは何 cm ですか。

(2) このとき使ったタイルは何枚ですか。

---

(1) タイルをならべてできる図形のたての長さは 4の ［(ア)］，横の長さは10の ［(イ)］ になります。

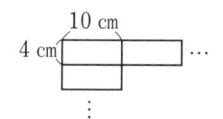

> タイルが増えると，たては4cmずつ，横は10cmずつ長くなるね。

正方形は辺の長さがすべて等しいので，正方形の1辺の長さは 4と10の公倍数になります。

4の倍数　4, 8, 12, 16, ［(ウ)］, 24, 28, 32, 36, ［(エ)］, …
10の倍数　10, ［(オ)］, 30, ［(カ)］, 50, 60, 70, …

できるだけ小さい正方形をつくるので，

4と10の最小公倍数の 20（cm）が答えです。

答え 20cm

(2) たてにならべるタイルの枚数は，［(キ)］÷ 4 ＝ 5（枚）
横にならべるタイルの枚数は，［(キ)］÷ 10 ＝ 2（枚）

> 正方形の1辺の長さを，タイルのたて，横の長さでわればいいね。

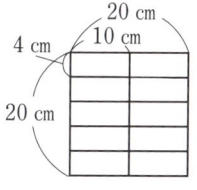

タイルのまい数は，5 × 2 ＝ 10（枚）

答え 10枚

答え (ア) 倍数　(イ) 倍数　(ウ) 20　(エ) 40　(オ) 20　(カ) 40　(キ) 20

例題

あまりが出ないということは？

56本のえん筆と，42冊のノートがあります。どちらも同じ数ずつあまりが出ないようにできるだけ多くの人に配ります。これについて，次の問題に答えましょう。

(1) 何人に配ることができますか。

何を答えるのかな？

(2) 1人分のえん筆とノートの数をそれぞれ求めましょう。

約数・公約数・最大公約数
- ある数をわり切ることのできる整数を，その数の約数といいます。
- 2つの数に共通する約数を，その2つの数の公約数といいます。また，公約数のうちで，いちばん大きい数を，最大公約数といいます。

「あまりが出ない」⇒「わり切ることができる」⇒「約数」を考えるよ！

(1) あまりが出ないように配るので，えん筆を配ることができる人数は56の約数，ノートを配ることができる人数は42の約数になります。

56の約数 ①，②，4，⑦，8，⑭，28，56
42の約数 ①，②，3，6，⑦，⑭，21，42

えん筆とノートを同じ数ずつ配るので，配る人数は56と42の公約数になります。

できるだけ多くの人に配るので，56と42の最大公約数の14（人）が答えです。

56と42の公約数に○をつけてみよう。

答え 14人

(2) 56本を14人に配るので，56÷14＝4（本）
42冊を14人に配るので，42÷14＝3（冊）

えん筆とノートの数をそれぞれ求めよう！

答え えん筆4本，ノート3冊

練習

たての長さが 16cm，横の長さが 12cm で，1ますがたて 1cm，横 1cm の正方形の方眼紙があります。この方眼紙を，方眼のます目にそってあまりが出ないように同じ大きさの正方形に切り分けます。できるだけ大きな正方形にするとき，次の問題に答えましょう。

(1) この正方形の1辺の長さは何 cm になりますか。
(2) この正方形の紙は何枚できますか。

---

(1) 方眼のます目にそって切るので，切り分けた紙のたての長さは 16 の ［(ア)］，横の長さは 12 の ［(イ)］ になります。

> 「あまりが出ないように」とあるから，16 や 12 をわり切ることができる数を考えるよ。

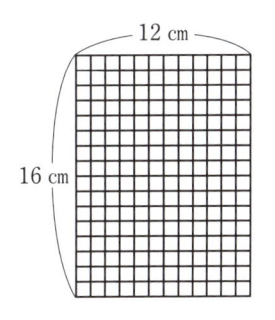

正方形は，辺の長さがすべて等しいので，正方形の1辺の長さは 16 と 12 の公約数です。

16 の約数　1，［(ウ)］，［(エ)］，8，16
12 の約数　1，［(オ)］，3，［(カ)］，6，12

できるだけ大きな正方形にするので，
16 と 12 の最大公約数の 4（cm）が答えです。

答え 4cm

(2) たて，横をそれぞれ何等分するかを考えます。
たては，16 ÷ ［(キ)］ = 4（等分）
横は，12 ÷ ［(ク)］ = 3（等分）
正方形の紙のまい数は，4 × 3 = 12（枚）

答え 12枚

答え (ア) 約数　(イ) 約数　(ウ) 2　(エ) 4　(オ) 2　(カ) 4　(キ) 4　(ク) 4

例題

1mの重さが 12.4kg の鉄の棒があります。これについて，次の問題に答えましょう。

(1) 長さが 0.6m のとき，鉄の棒の重さは何 kg ですか。

(2) 重さが 3.1kg のとき，鉄の棒の長さは何 m ですか。

> 「小数×小数」や「小数÷小数」のときも，整数のときと同じように式を書いて計算します。
>
> かける数と積の関係 ⇒ 「かける数 > 1」のとき…「積 > かけられる数」
> 「かける数 < 1」のとき…「積 < かけられる数」
>
> わる数と商の関係 ⇒ 「わる数 > 1」のとき…「商 < わられる数」
> 「わる数 < 1」のとき…「商 > わられる数」

(1) 鉄の棒 1m の重さ × 長さ ＝ 重さ です。

鉄の棒 1m の重さが 12.4kg，長さが 0.6m なので，

$12.4 \times 0.6 = 7.44$ (kg)
かけられる数　かける数　積

答え 7.44kg

> かける数の 0.6 は 1 より小さいから，答え（積）はかけられる数より小さくなるね。

(2) 重さ ÷ 鉄の棒 1m の重さ ＝ 長さ です。

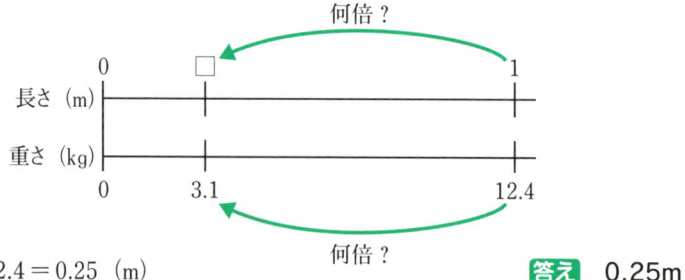

$3.1 \div 12.4 = 0.25$ (m)
わられる数　わる数　商

答え 0.25m

> わる数 12.4 は 1 より大きいから，答え（商）はわられる数より小さくなるね。

練習

1Lの重さが 0.85kg の油があります。これについて，次の問題に答えましょう。

> 2つの油の量の差を求めるよ。

(1) この油 2.8L の重さは何 kg ですか。

(2) 3.23kg の油は，1.87kg の油より何 L 多いですか。

(1) ［ (ア) ］× 量 ＝ 重さです。

> 求めるのは重さ(kg)，わかっているのは量(L)だよ。どう計算したら「重さ」が求められるのか，わかっている情報を図に表して考えてみよう。

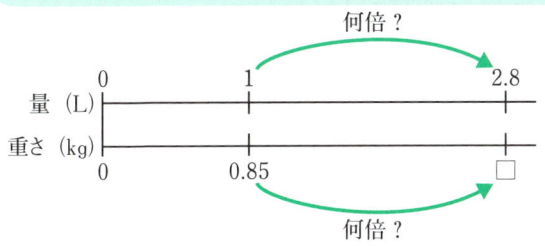

量 (L): 0, 1, 2.8 （何倍？）
重さ (kg): 0, 0.85, □ （何倍？）

1L の重さが 0.85kg の油が 2.8L あるので，

［ (イ) ］×［ (ウ) ］＝ 2.38 （kg）

答え 2.38kg

(2) 求めるのは 2 つの油の量の差なので，まず，2 つの油の重さの差を求めます。

3.23 − 1.87 ＝ 1.36 （kg）

次に，1.36kg が 0.85kg の何倍かを求めます。これが 1.36kg の油の量になります。

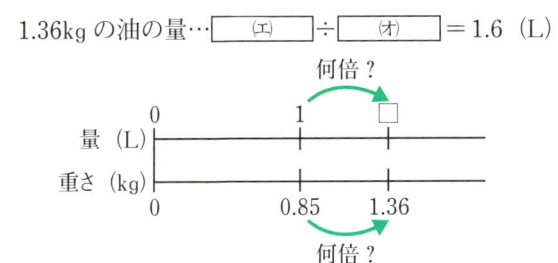

1.36kg の油の量…［ (エ) ］÷［ (オ) ］＝ 1.6 （L）

量 (L): 0, 1, □ （何倍？）
重さ (kg): 0, 0.85, 1.36 （何倍？）

答え 1.6L

答え (ア) 油 1L の重さ　(イ) 0.85　(ウ) 2.8　(エ) 1.36　(オ) 0.85

小数 19

例題

ももとみかんとりんごを買いました。重さをはかったところ、もも1個の重さは 0.2kg で、みかん1個の重さは、もも1個の重さの 0.4倍 でした。これについて、次の問題に答えましょう。

(1) みかん1個の重さは何 kg ですか。
(2) りんご1個の重さは、もも1個の重さの 1.4倍 でした。りんご1個の重さは、みかん1個の重さの何倍ですか。

「もとにする大きさ」は何かな？

(1) 「みかん1個の重さは、もも1個の重さの 0.4倍」を式にすると、

　　　　　　　　もとにする量

（もも1個の重さ）× 0.4 =（みかん1個の重さ）です。
0.2 × 0.4 = 0.08（kg）

答え 0.08kg

(2) まず、りんご1個の重さを求めます。

「りんご1個の重さは、もも1個の重さの1.4倍」だね。

（もも1個の重さ）× 1.4 =（りんご1個の重さ）
0.2 × 1.4 = 0.28（kg）

次に、みかん1個の重さをもとにして、りんご1個の重さは何倍かを求めます。もとにする量の何倍かを求めるにはわり算を使います。

（りんご1個の重さ）÷（みかん1個の重さ）= 0.28 ÷ 0.08
　　　　　　　　　　　もとにする量　　　　　= 3.5（倍）

答え 3.5倍

練習

青，緑，赤の3色のペンキがあります。青のペンキの量は 8.4L で，緑のペンキの量は青のペンキの量の 1.5 倍，赤のペンキの量は青のペンキの量の 0.7 倍です。これについて，次の問題に答えましょう。

(1) 緑のペンキの量は何Lですか。

(2) 赤のペンキの量は，緑のペンキの量のおよそ何倍ですか。四捨五入して，$\frac{1}{10}$ の位までのがい数で表しましょう。

(1) 「緑のペンキの量は青のペンキの量の 1.5 倍」を式にすると，
（ (ア) のペンキの量）× 1.5 =（緑のペンキの量）です。
(イ) × 1.5 = 12.6（L）

答え 12.6L

(2) まず，赤のペンキの量を求めます。

ことばを式にしてみよう。

（青のペンキの量）× (ウ) =（赤のペンキの量）だから，
8.4 × (ウ) = 5.88（L）

もとにする量

赤のペンキの量は，緑のペンキの量のおよそ何倍かを求めるための式は，（ (エ) のペンキの量）÷（ (オ) のペンキの量）となります。

どちらでわるのかよく考えてね。

5.88 ÷ 12.6 = 0.46…

何の位までのがい数で答えるかに注意しよう。

(カ) の位を四捨五入して，0.5

答え およそ 0.5 倍

答え (ア) 青　(イ) 8.4　(ウ) 0.7　(エ) 赤　(オ) 緑　(カ) $\frac{1}{100}$

例題

1dL で $\frac{3}{5}$ m² のかべをぬれるペンキがあります。これについて，次の問題に分数で答えましょう。

(1) このペンキ $\frac{3}{4}$ dL では，何 m² のかべがぬれますか。

(2) $\frac{7}{10}$ m² のかべをぬるには，ペンキは何 dL いりますか。

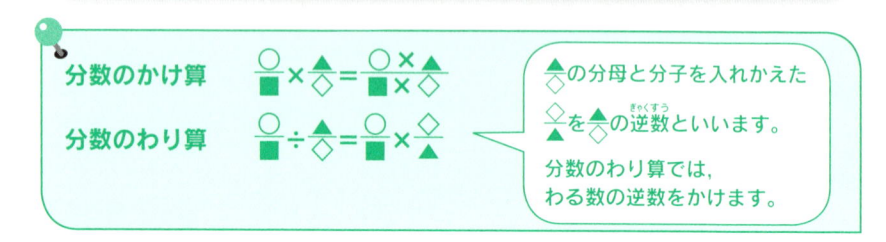

分数のかけ算 $\quad \frac{\bigcirc}{\blacksquare} \times \frac{\blacktriangle}{\diamondsuit} = \frac{\bigcirc \times \blacktriangle}{\blacksquare \times \diamondsuit}$

分数のわり算 $\quad \frac{\bigcirc}{\blacksquare} \div \frac{\blacktriangle}{\diamondsuit} = \frac{\bigcirc}{\blacksquare} \times \frac{\diamondsuit}{\blacktriangle}$

$\frac{\blacktriangle}{\diamondsuit}$ の分母と分子を入れかえた $\frac{\diamondsuit}{\blacktriangle}$ を $\frac{\blacktriangle}{\diamondsuit}$ の逆数といいます。
分数のわり算では，わる数の逆数をかけます。

---

(1) ペンキ 1dL でぬれる面積 × ペンキの量 = ぬれる面積 です。

ペンキ 1dL でぬれる面積が $\frac{3}{5}$ m²，ペンキの量が $\frac{3}{4}$ dL なので，

$\frac{3}{5} \times \frac{3}{4} = \frac{3 \times 3}{5 \times 4} = \frac{9}{20}$ （m²）

分母どうし，分子どうしをかけよう。

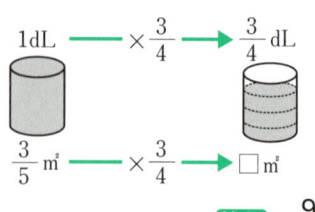

答え $\frac{9}{20}$ m²

(2) ぬれる面積 ÷ ペンキ 1dL でぬれる面積 = ペンキの量 です。

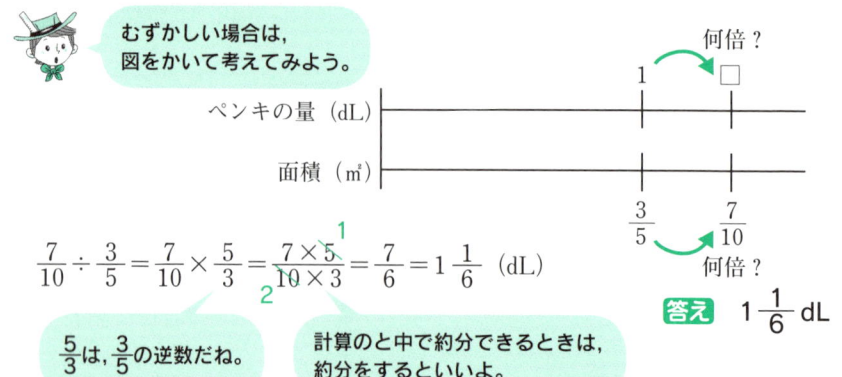

むずかしい場合は，図をかいて考えてみよう。

$\frac{7}{10} \div \frac{3}{5} = \frac{7}{10} \times \frac{5}{3} = \frac{7 \times \overset{1}{5}}{\underset{2}{10} \times 3} = \frac{7}{6} = 1\frac{1}{6}$ （dL）

$\frac{5}{3}$ は，$\frac{3}{5}$ の逆数だね。

計算のと中で約分できるときは，約分をするといいよ。

答え $1\frac{1}{6}$ dL

22

練習

1m の重さが $\frac{4}{5}$ kg のロープがあります。これについて，次の問題に答えましょう。

(1) $\frac{3}{8}$ m では何 kg ですか。

(2) $3\frac{7}{10}$ kg のロープは，$1\frac{3}{5}$ kg のロープより何 m 長いですか。

> 2本のロープの長さの差を求めるよ。

(1) ［ (ア) ］× 長さ＝重さです。

ロープ 1m の重さが $\frac{4}{5}$ kg，長さが $\frac{3}{8}$ m なので，

［ (イ) ］×［ (ウ) ］$= \dfrac{4 \times 3}{5 \times 8} = \dfrac{3}{10}$ (kg)

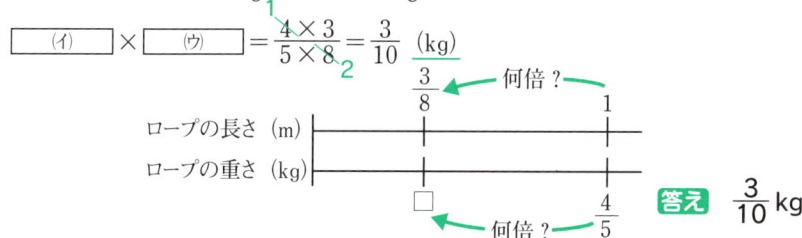

答え $\dfrac{3}{10}$ kg

(2) 求めるのは2本のロープの長さの差なので，まず，2本のロープの重さの差を求めます。

$3\dfrac{7}{10} - 1\dfrac{3}{5} = 3\dfrac{7}{10} - 1\dfrac{6}{10} = 2\dfrac{1}{10}$ (kg)

次に，$2\dfrac{1}{10}$ kg のロープの長さを求めます。

重さ÷ロープ 1m の重さ＝長さです。

$2\dfrac{1}{10} = ［(エ)］$ だから，$［(エ)］÷［(オ)］= \dfrac{21}{10} \times \dfrac{5}{4} = \dfrac{21 \times 5}{10 \times 4}$

$= \dfrac{21}{8} = 2\dfrac{5}{8}$ (m)　帯分数は仮分数に直して計算しよう。

答え $2\dfrac{5}{8}$ m

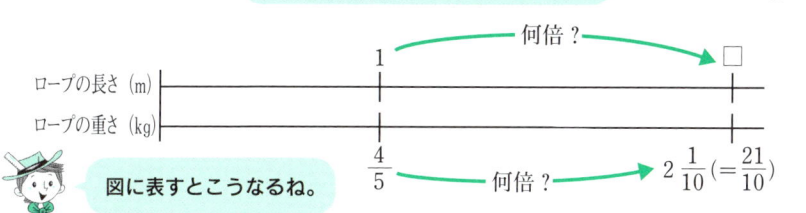

図に表すとこうなるね。

答え (ア) ロープ 1m の重さ　(イ) $\dfrac{4}{5}$　(ウ) $\dfrac{3}{8}$　(エ) $\dfrac{21}{10}$　(オ) $\dfrac{4}{5}$

例題

塩とさとうと小麦粉を買いました。塩の重さは $\frac{15}{16}$ kg で，さとうの重さは塩の重さの $1\frac{1}{3}$ 倍でした。これについて，次の問題に答えましょう。

(1) さとうを何 kg 買いましたか。
(2) 買った小麦粉の重さは塩の重さの $\frac{8}{9}$ 倍でした。小麦粉の重さはさとうの重さの何倍ですか。

「もとにする量」は何かな？

(1) 「さとうの重さは塩の重さの $1\frac{1}{3}$ 倍」を式にすると，

もとにする量

（塩の重さ）× $1\frac{1}{3}$ ＝（さとうの重さ） です。

$$\frac{15}{16} \times 1\frac{1}{3} = \frac{15}{16} \times \frac{4}{3} = \frac{\overset{5}{\cancel{15}} \times \overset{1}{\cancel{4}}}{\underset{4}{\cancel{16}} \times \underset{1}{\cancel{3}}} = \frac{5}{4} = 1\frac{1}{4} \text{ (kg)}$$

答え $1\frac{1}{4}$ kg

(2) 「小麦粉の重さはさとうの重さの何倍」かを求めるために，まず，買った小麦粉の重さを求めます。

（塩の重さ）× $\frac{8}{9}$ ＝（小麦粉の重さ） だから，

$$\frac{15}{16} \times \frac{8}{9} = \frac{\overset{5}{\cancel{15}} \times \overset{1}{\cancel{8}}}{\underset{2}{\cancel{16}} \times \underset{3}{\cancel{9}}} = \frac{5}{6} \text{ (kg)}$$

買った小麦粉の重さは塩の重さの $\frac{8}{9}$ 倍だね。

次に，さとうの重さをもとにして，小麦粉の重さを求めます。
もとにする量の何倍かを求めるにはわり算を使います。

（小麦粉の重さ）÷（さとうの重さ）＝ $\frac{5}{6} ÷ 1\frac{1}{4} = \frac{5}{6} ÷ \frac{5}{4} = \frac{5}{6} \times \frac{4}{5}$

もとにする量でわればいいね。

$$= \frac{\overset{1}{\cancel{5}} \times \overset{2}{\cancel{4}}}{\underset{3}{\cancel{6}} \times \underset{1}{\cancel{5}}} = \frac{2}{3}$$

答え $\frac{2}{3}$ 倍

24

練習

赤いテープ，白いテープ，青いテープがあります。赤いテープの長さは $1\frac{1}{6}$ m です。白いテープの長さは赤いテープの長さの $1\frac{2}{7}$ 倍，青いテープの長さは赤いテープの長さの $\frac{9}{11}$ 倍です。これについて，次の問題に答えましょう。

(1) 白いテープの長さは何 m ですか。
(2) 白いテープの長さは青いテープの長さの何倍ですか。

(1) 「白いテープの長さは赤いテープの長さの $1\frac{2}{7}$ 倍」を式にすると，

（[ア]テープの長さ）× $1\frac{2}{7}$ ＝（白いテープの長さ）です。

[イ] × $1\frac{2}{7}$ ＝ $\frac{7}{6}$ × $\frac{9}{7}$ ＝ $\frac{7 \times 9}{6 \times 7}$ ＝ $\frac{3}{2}$ ＝ $1\frac{1}{2}$ (m)

答え $1\frac{1}{2}$ m

(2) まず，青いテープの長さを求めます。

（赤いテープの長さ）×[ウ]＝（青いテープの長さ）だから，

$\frac{7}{6}$ ×[ウ]＝ $\frac{7 \times 9}{6 \times 11}$ ＝ $\frac{21}{22}$ (m)

ことばの式で表そう。

もとにする量

白いテープの長さは，青いテープの長さの何倍かを求めるための式は，

（[エ]テープの長さ）÷（[オ]テープの長さ）となります。

$1\frac{1}{2}$ ÷ $\frac{21}{22}$ ＝ $\frac{3}{2}$ × $\frac{22}{21}$ ＝ $\frac{3 \times 22}{2 \times 21}$ ＝ $\frac{11}{7}$ ＝ $1\frac{4}{7}$

どちらでわるのかよく考えてね。

答え $1\frac{4}{7}$ 倍

答え (ア) 赤い　(イ) $1\frac{1}{6}$　(ウ) $\frac{9}{11}$　(エ) 白い　(オ) 青い

> **例題**
>
> はじめさんのリボンの長さは 33.6cm で，けいこさんのリボンの長さははじめさんのリボンの長さの $\frac{3}{8}$ 倍です。また，はじめさんのリボンの長さはさぶろうさんのリボンの長さの $\frac{7}{9}$ 倍です。
>
> (1) けいこさんのリボンの長さは何 cm ですか。
> (2) さぶろうさんのリボンの長さは何 cm ですか。

小数と分数がまじった計算では，小数を分数に直して計算をします。

(1) 「けいこさんのリボンの長さははじめさんのリボンの長さの $\frac{3}{8}$ 倍」なので，（はじめさんのリボンの長さ）× $\frac{3}{8}$ =（けいこさんのリボンの長さ）となり，けいこさんのリボンの長さは，$33.6 × \frac{3}{8}$ となります。

33.6 を分数に直すと，$33.6 = \frac{336}{10}$ だから，

$$\frac{336}{10} × \frac{3}{8} = \frac{\overset{42}{\cancel{336}} × 3}{\underset{5}{\cancel{10}} × \underset{1}{\cancel{8}}} = \frac{63}{5} = 12\frac{3}{5} \text{ (cm)}$$

0.1 = $\frac{1}{10}$ だね。

答え $12\frac{3}{5}$ cm

12.6 でもいいよ。

(2) 「はじめさんのリボンの長さはさぶろうさんのリボンの長さの $\frac{7}{9}$ 倍」
もとにする量を求めるから，わり算を使います。

（さぶろうさんのリボンの長さ）× $\frac{7}{9}$ =（はじめさんのリボンの長さ）なので，
（はじめさんのリボンの長さ）÷ $\frac{7}{9}$ =（さぶろうさんのリボンの長さ）

$$33.6 ÷ \frac{7}{9} = \frac{336}{10} ÷ \frac{7}{9} = \frac{336}{10} × \frac{9}{7} = \frac{\overset{48}{\cancel{336}} × 9}{\underset{5}{\cancel{10}} × \underset{1}{\cancel{7}}} = \frac{216}{5} = 43\frac{1}{5} \text{ (cm)}$$

43.2 でもいいよ。

答え $43\frac{1}{5}$ cm

練習

「そのうち」は何のことかな？

ある学校の畑では，畑全体の$\frac{3}{4}$で野菜を育てていて，そのうちの20%でじゃがいもを育てています。この学校の畑の面積は1.2aです。じゃがいもを育てている畑の面積は何m²ですか。

単位に注意しよう。

畑全体，野菜を育てている面積，じゃがいもを育てている面積の関係を図に表すと，

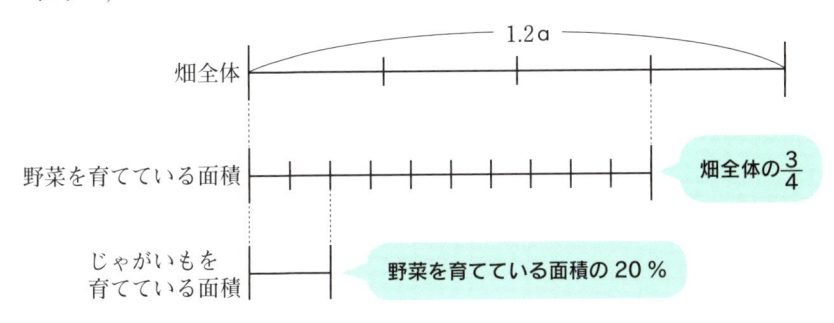

```
畑全体 |――――――1.2a――――――|
野菜を育てている面積       畑全体の3/4
じゃがいもを育てている面積   野菜を育てている面積の20%
```

まず，野菜を育てている面積を求めます。

$1.2 \times \frac{3}{4} = \boxed{(ア)} \times \frac{3}{4} = \frac{\overset{3}{12} \times 3}{10 \times \underset{1}{4}} = \frac{9}{10}$ (a)

1.2を分数に直して計算しよう。

20%を分数で表すと，$\boxed{(イ)}$です。

$1\% = \frac{1}{100}$だね。

じゃがいもを育てている畑の面積は，$\boxed{(ウ)} \times \boxed{(イ)} = \frac{18}{100}$ (a)

「何m²」で答えるよ。

1a = $\boxed{(エ)}$ m² だから，$\frac{18}{100} \times \boxed{(エ)} = 18$ (m²)

答え 18m²

答え (ア) $\frac{12}{10}$　(イ) $\frac{20}{100}$　(ウ) $\frac{9}{10}$　(エ) 100

例題

1本50円のキュウリと1個150円のレタスがあります。これについて，次の問題に答えましょう。消費税はねだんにふくまれているので，考える必要はありません。

(1) キュウリ x 本を買ったときの代金を求める式を，x を使って書きましょう。

(2) キュウリ x 本とレタス1個を買ったときの代金を表す式を，x を使って書きましょう。

いろいろと変わる数を，□のかわりに x などの文字を使って1つの式に表すことがあります。

(1) キュウリを1本，2本，3本，…と買ったときの，代金を表す式を考えます。

ことばの式で表してみよう。

キュウリの代金＝キュウリ1本のねだん×本数

1本のとき	→	50	×	1
2本のとき	→	50	×	2
3本のとき	→	50	×	3
⋮				⋮
x 本のとき	→	50	×	x

答え $50 \times x$ （円）

(2) 代金＝キュウリ x 本のねだん＋レタス1個のねだん

キュウリは(1)で求めた $50 \times x$（円）

↓　　　　↓

$50 \times x$　＋　150

レタスは $150 \times 1 = 150$（円）

答え $50 \times x + 150$ （円）

練習

> 速さはいろいろ変わるよ。

まみさんは、家から 200m はなれたバス停まで分速 x m で歩いていき、そこから 18 分間バスに乗って駅まで行きます。これについて、次の問題に答えましょう。

> 時間と速さ、道のりの関係は？

(1) まみさんが歩く時間が何分かを、x を使った式で表しましょう。

(2) まみさんが家を出てから駅につくまでにかかる時間が何分かを、x を使った式で表しましょう。ただし、バス停でバスを待つ時間は考えないものとします。

---

(1) 分速が 10m, 20m, 30m, …のときの、歩く時間を表す式を考えます。

> ことばの式で表してみよう。

歩く時間 ＝ 歩く道のり ÷ ［　(ア)　］

分速 10m のとき	→	200 ÷ 10
分速 20m のとき	→	200 ÷ 20
分速 30m のとき	→	200 ÷ 30
⋮		⋮
分速 x m のとき	→	200 ÷ ［(イ)］

> 答えの単位は「分」だね。

答え $200 \div x$（分）

(2) 家から駅までの時間 ＝ 歩く時間 ＋［　(ウ)　］時間

> 歩く時間は、(1)で求めた $200 \div x$（分）だね。

$$200 \div x \ + \ 18$$

> 歩いた後はどうやって駅に行くかな？

答え $200 \div x + 18$（分）

答え (ア) 歩く速さ　(イ) x　(ウ) バスに乗る

例題

> xとyはどんな数量を表している？

下の表は，面積 $24m^2$ の長方形の土地の，たての長さを x m，横の長さを y m としたときの x と y の関係をまとめたものです。これについて，次の問題に答えましょう。

たての長さ x (m)	1	2	3	4	6	8	12	24
横の長さ y (m)	24	12	8	6	4	3	2	1

(1) x と y の関係を式に表しましょう。

(2) たての長さが 10m のとき，よこの長さは何 m ですか。

> 2つの数量を，2つの文字を使って表すことがあります。

(1) 表から，x と y の関係を読み取ります。

たての長さ x (m)	1	2	3	4	6	8	12	24
横の長さ y (m)	24	12	8	6	4	3	2	1

24　24　24　24　24　24　24　24

たての長さと横の長さをかけると，長方形の土地の面積になります。

ことばの式で考えると，

(たての長さ) × (横の長さ) = (長方形の土地の面積)
　　↓　　　　　　↓　　　　　　　　　↓
　　x　　×　　y　　=　　　　24

答え $x \times y = 24$ （$y = 24 \div x$, $x = 24 \div y$）

(2) x の値が 10 のときの y の値を求めます。

$10 \times y = 24$ だから，

$y = 24 \div 10 = 2.4$ (m)

答え 2.4m

練習

x と y はそれぞれどんな数量を表している？

下の表は、1個 75g のケーキ x 個を 50g の箱に入れたときの全体の重さを y g として x と y の関係をまとめたものです。これについて、次の問題に答えましょう。

ケーキの個数　x（個）	1	2	3	4	5
全体の重さ　y（g）	125	200	275	350	425

(1) x と y の関係を式に表しましょう。

(2) 全体の重さが 650g のとき、ケーキは何個買いましたか。

(1) 表から、x と y の関係を読み取ります。

ケーキの個数　x（個）	1	2	3	4	5
全体の重さ　y（g）	125	200	275	350	425

+75　+75　+75　+75

全体の重さは ［(ア)］ g ずつ増えます。

ケーキ1個の重さだね。

ことばの式で考えると、
(全体の重さ) = (ケーキ1個の重さ) × (ケーキの個数) + ［(イ)］
　↓　　　　　　↓　　　　　　↓　　　↓
　y　＝　　　75　　×　　x　＋　50

ケーキだけの重さだね。

答え $y = 75 \times x + 50$

(2) ［(ウ)］ の値が 650 のときの ［(エ)］ の値を求めます。

$75 \times x + 50 = 650$ だから、$75 \times x =$ ［(オ)］

$x = 8$

答え 8個

答え (ア) 75　(イ) 箱の重さ　(ウ) y　(エ) x　(オ) 600

文字と式　31

例題

下の表は，ひろしさんが1月から4月までの4か月間でそれぞれの月に読んだ本の冊数をまとめたものです。これについて，次の問題に答えましょう。

	1月	2月	3月	4月
冊数（冊）	6	8	3	5

(1) ひろしさんは1か月に平均何冊の本を読みましたか。

(2) ひろしさんは5月から9月までの5か月間で，1か月に平均8.2冊の本を読みました。ひろしさんは1月から9月までの9か月間で，1か月に平均何冊の本を読みましたか。

平均
- いくつかの数量を，大きさが等しくなるようにならしたものを平均といいます。
- （平均）＝（合計）÷（個数）で求められます。
- （合計）＝（平均）×（個数）で求められます。

---

(1) 4か月間で読んだ本の数の合計は，6＋8＋3＋5＝22（冊）

4か月間で読んだ本の平均の冊数は，22÷4＝5.5（冊）

　　　　　　　　　　　　　　　合計　　月数

答え 5.5冊

(2) 5月から9月までの5か月間で読んだ本の冊数の合計は，

8.2×5＝41（冊）

（合計）＝（平均）×（月数）だね。

9か月間で読んだ本の冊数の平均は，

(22＋41)÷9＝7（冊）

合計　　　　月数

答え 7冊

練習

ちひろさんの学校では、今週、月曜日に 5 人、火曜日に 7 人、水曜日に 3 人、木曜日に 2 人の欠席者がいて、金曜日に欠席者はいませんでした。これについて、次の問題に答えましょう。

(1) 月曜日から金曜日までの欠席者は、1 日平均何人ですか。

(2) 先週の月曜日から金曜日までの欠席者は 1 日平均 2.6 人でした。10 日間の欠席者は、1 日平均何人ですか。

(1) 月曜日から金曜日までの欠席者、つまり、□(ア)□ 日間の欠席者の平均を求めます。

(平均)＝(全体)÷(日数) で、

全体は月曜日から金曜日までの欠席者の □(イ)□ だから、

$(5+7+3+2+$ □(ウ)□ $)÷5=3.4$（人）

> 金曜日の欠席者は何人？

答え 3.4 人

(2) 先週の月曜日から金曜日までの欠席者の合計は、

□(エ)□ $×5=13$（人）

□(オ)□ 日間の欠席者の平均を求めるので、

> 先週の月曜日から金曜日までと、今週の月曜日から金曜日までの日数の合計

□(カ)□ を、日数でわります。

$(13+$ □(キ)□ $)÷$ □(オ)□ $=3$（人）

> 今週の欠席者の合計

答え 3 人

答え (ア) 5　(イ) 合計　(ウ) 0　(エ) 2.6　(オ) 10
(カ) 欠席者の合計　(キ) 17

単位量あたりの大きさ

例題

> 面積（m²）と重さ（kg）の2つの量をもつときは、どちらか一方の大きさをそろえて比べよう。

ゆうきさんの家の畑とひろこさんの家の畑で、ほうれん草がとれました。下の表は、2人の家の畑の面積ととれたほうれん草の重さをまとめたものです。これについて、次の問題に答えましょう。

	面積（m²）	とれたほうれん草の重さ（kg）
ゆうきさんの家の畑	12	9
ひろこさんの家の畑	16	20

(1) ゆうきさんの家の畑では、1m² あたり何kg のほうれん草がとれましたか。

(2) ゆうきさんの家の畑とひろこさんの家の畑を 1m² あたりで比べたとき、ほうれん草が多くとれたのはどちらの家の畑ですか。

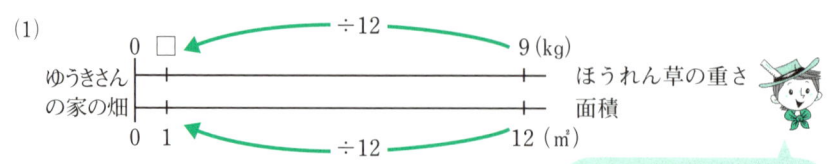

---

(1)

```
        ÷12
   0  □ ←――――――― 9 (kg)
ゆうきさん ├―――┼―――――――――┤  ほうれん草の重さ
の家の畑 ├―――┼―――――――――┤  面積
   0  1 ←――――――― 12 (m²)
        ÷12
```

> 1m² は 12m² を 12 等分した面積だね。

12m² で 9kg のほうれん草がとれたので、9kg を 12 等分した重さが、1m² あたりでとれたほうれん草の重さとなります。

9 ÷ 12 = 0.75（kg）

答え 0.75kg

(2) ひろこさんの家の畑では、1m² あたり

20 ÷ 16 = 1.25（kg）

のほうれん草がとれました。

| ゆうきさんの家の畑 1m² あたりでとれたほうれん草…0.75kg | < | ひろこさんの家の畑 1m² あたりでとれたほうれん草…1.25kg |

答え ひろこさんの家の畑

練 習

> 面積（a）と重さ（kg, t）
> 2つのものの大きさが
> 出てきたよ。

今年，いちろうさんの家の田んぼでは 416kg，えりさんの家の田んぼでは 1.8 t の米がとれました。いちろうさんの家の田んぼの面積は 8a で，えりさんの家の田んぼの面積は 36a です。1a あたりで比べると，どちらの家の田んぼのほうが米が多くとれましたか。

それぞれの家の田んぼ 1 ［ ア ］ あたり何 kg の米がとれたかを比べます。

・いちろうさんの家の田んぼ

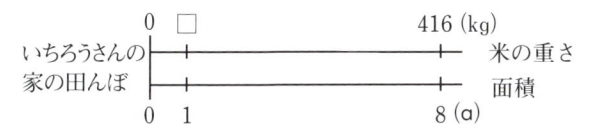

```
           0   □              416 (kg)
いちろうさんの ├───┼──────────────┤ 米の重さ
家の田んぼ   ├───┼──────────────┤ 面積
           0   1              8 (a)
```

いちろうさんの家では，8a の田んぼで 416kg の米がとれたので，田んぼ 1a あたりでとれた米の重さは，

［ イ ］ ÷ ［ ウ ］ ＝ 52（kg）

> 単位を kg にそろえよう。

・えりさんの家の田んぼ

えりさんの家の田んぼでとれた米の重さは，1.8t ＝ ［ エ ］ kg です。

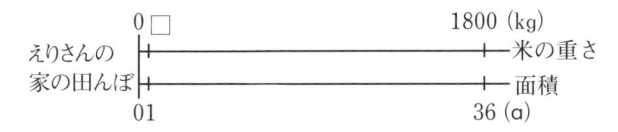

```
         0 □                      1800 (kg)
えりさんの ├─┼──────────────────────┤ 米の重さ
家の田んぼ ├─┼──────────────────────┤ 面積
         0 1                      36 (a)
```

えりさんの家では，36a の田んぼで 1800kg の米がとれたので，田んぼ 1a あたりでとれた米の重さは，

［ エ ］ ÷ ［ オ ］ ＝ 50（kg）

| いちろうさんの家の田んぼ 1a あたりでとれた米…52kg | ＞ | えりさんの家の田んぼ 1a あたりでとれた米…50kg |

答え いちろうさんの家の田んぼ

答え ㋐ a　㋑ 416　㋒ 8　㋓ 1800　㋔ 36

単位量あたりの大きさ

例題 　何が3で何が8？

牛乳と紅茶を混ぜてミルクティーを作ります。牛乳と紅茶の量の比が 3：8 になるように混ぜるとき，次の問題に答えましょう。

(1) 紅茶を 120mL 使うとき，牛乳は何 mL 必要ですか。

> 比との関係は？

(2) 牛乳を 75mL 使うとき，ミルクティーは何 mL できますか。

> 求めるものは？

2つ以上の数の割合を A：B のように表したものを比といいます。それぞれの量は（もとにする量）×（割合）で求めることができます。

---

(1) 図に表して考えてみましょう。

```
|──□mL──|──────120mL──────|
|──牛乳(3)──|──────紅茶(8)──────|
```

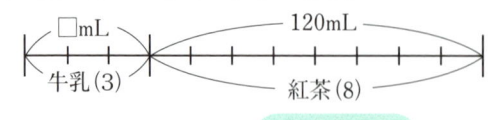

> 紅茶を8とみたとき，牛乳は3になるね。

牛乳の量は，<u>紅茶の量</u>を1とみたときの $\frac{3}{8}$ にあたります。
（もとにする量）　　　　　　　　　　（割合）

$120 \times \frac{3}{8} = 45$ （mL）

答え 45mL

(2) 図に表して考えてみましょう。

```
|────────□mL────────|
|─75mL─|
  牛乳(3) 　紅茶(8)
        ミルクティー(11)
```

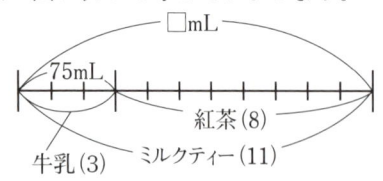

> 全体は 3＋8＝11 だね。

> 図から，牛乳（75mL）を3等分して11倍したものがミルクティーの量になっていることがわかるね。

求めるのはミルクティー全体の量で，

<u>牛乳の量</u>を1とみたときの $\frac{11}{3}$ にあたります。

$75 \times \frac{11}{3} = 275$ （mL）

答え 275mL

練習

> 何が4で何が5？

赤色のねん土と青色のねん土を、重さの比が 4：5 になるように混ぜて、むらさき色のねん土を作るとき、次の問題に答えましょう。

(1) 赤色のねん土を 76g 使うとき、青色のねん土は何 g 必要ですか。

> 比との関係は？

(2) 青色のねん土を 120g 使うとき、むらさき色のねん土は何 g できますか。

(1) 赤色のねん土と青色のねん土、むらさき色のねん土の関係を図に書いてみよう。

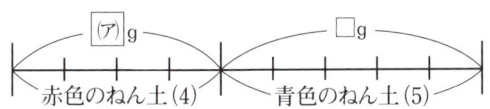

青色のねん土の重さは赤色のねん土の重さを何等分して何倍したものと同じかな？

青色のねん土の重さは、赤色のねん土の重さを1とみたときの (イ) にあたるから、

(ア) × (イ) ＝ 95 (g)

答え 95g

(2)

図を見て考えよう。青色のねん土の重さをもとにしてむらさき色のねん土の重さを求めるよ。

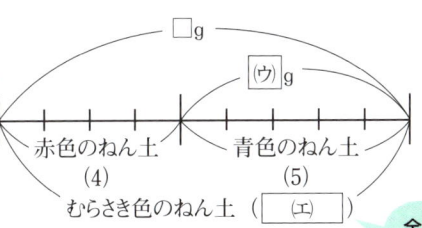

全体は 4＋5 で求められるね。

求めるのはむらさき色のねん土の重さで、青色のねん土の重さを1とみたときの (オ) にあたるから、

(ウ) × (オ) ＝ 216 (g)

答え 216g

答え (ア) 76　(イ) $\frac{5}{4}$　(ウ) 120　(エ) 9　(オ) $\frac{9}{5}$

> **例題**
>
> （何が2で何が3？）
>
> あめを2ふくろ買いました。AのふくろとBのふくろに入っていたあめの数の比は2:3で，あめは全部で70個あります。
> (1) Aのふくろに入っていたあめは何個ですか。（比との関係は？）
> (2) 買ってきたあめ全部を兄と妹で個数の比が4:3になるように分けると，兄のあめの数は何個になりますか。
>
> （買ってきたあめは全部で何個？）

(1) 70個と2:3の関係を図に表してみましょう。

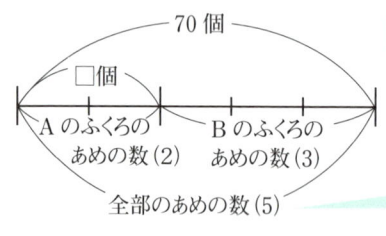

（それぞれの量）＝（もとにする量）×（割合）で求められるね。

全体は2＋3＝5だね。

Aのふくろに入っていたあめの数は，全部のあめの数の $\frac{2}{5}$ にあたるから，

$70 \times \frac{2}{5} = 28$ （個）

もとにする量　割合

答え 28個

(2) 買ってきたあめは全部で70個。

70個と4:3の関係を図に表してみましょう。

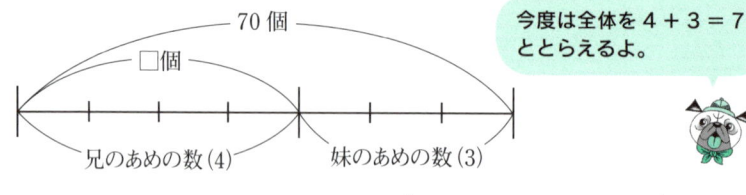

今度は全体を4＋3＝7 ととらえるよ。

兄のあめの数は，全部のあめの数の $\frac{4}{7}$ にあたるから，$70 \times \frac{4}{7} = 40$ （個）

もとにする量　割合

答え 40個

練習 比との関係は？

1.2kgのみそをのぶおさんとゆいさんで分けます。のぶおさんのみそとゆいさんのみその重さが 11：13 になるように分けるとき，のぶおさんとゆいさんのみその重さはそれぞれ何gになりますか。

> 何が11で何が13？
> 求めるものは2つあるね。

1.2kg ＝ ［ (ア) ］g

> gで答えるので，kgをgで表しておこう。

> 全体のみその重さと，のぶおさん，ゆいさんに分けるみその重さの関係を図に表してみよう。

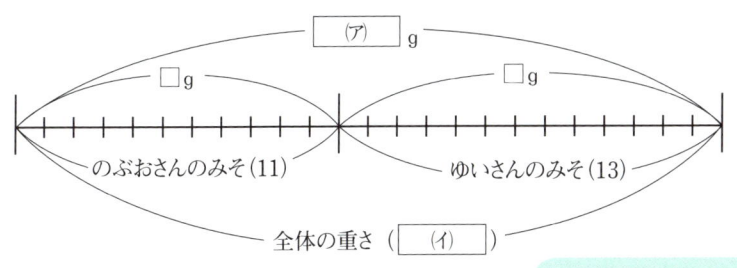

［ (ア) ］g
□g　□g
のぶおさんのみそ（11）　ゆいさんのみそ（13）
全体の重さ（ (イ) ）

> 1つずつ答えを求めよう。

のぶおさんのみその重さは，全体のみその重さの［ (ウ) ］にあたるから，

［ (ア) ］×［ (ウ) ］＝ 550（g）　　もとにする量

ゆいさんのみその重さは，全体のみその重さの［ (エ) ］にあたるから，

［ (ア) ］×［ (エ) ］＝ 650（g）　　もとにする量

> （のぶおさんのみその重さ）＋（ゆいさんのみその重さ）
> ＝（全体のみその重さ）で確かめられるね。

答え のぶおさん 550g，ゆいさん 650g

答え (ア) 1200　(イ) 24　(ウ) $\frac{11}{24}$　(エ) $\frac{13}{24}$

第1章 確認テスト　　答え P98

1 たて8cm, 横6cmの長方形のタイルを, 同じ向きにすき間なくならべて正方形をつくります。いちばん小さい正方形の1辺の長さは何cmですか。

2 88本のバラと, 56本のユリがあります。どちらも同じ数ずつあまりが出ないように分け, バラとユリのセットをつくります。できるだけ多くのセットをつくるには, バラを何本ずつとユリを何本ずつのセットにすればよいですか。

3 赤いテープと青いテープと白いテープがあります。赤いテープの長さは9.5mで, 青いテープの長さは11.4mです。これについて, 次の問題に答えましょう。

(1) 白いテープの長さは, 赤いテープの長さの0.8倍です。白いテープの長さは何mですか。

(2) 青いテープの長さは, 赤いテープの長さの何倍ですか。

4 ひかりさんの家には，小麦粉が $2\frac{2}{5}$ kg，さとうが $1\frac{1}{7}$ kg あります。これについて，次の問題に答えましょう。

(1) 小麦粉の重さは，さとうの重さの何倍ですか。

(2) パンを作るのに，家にある小麦粉の $\frac{1}{4}$ を使いました。パンを作るのに使った小麦粉は何 kg ですか。

5 マッチ棒を右の図のようにならべて，三角形を作っていきます。はじめにマッチ棒を1本置いて，それからは2本ずつならべるごとに三角形が1つできます。三角形を x 個つくるとき，使うマッチ棒の数は何本ですか。x を使って式に表しましょう。

はじめ

三角形1個

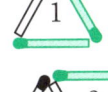

三角形2個

三角形3個

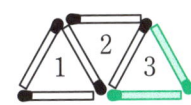

⋮

6 ひろみさんが家にある4個のオレンジの重さをはかったら，216g，204g，232g，228gでした。これについて，次の問題に答えましょう。

(1) オレンジの重さは1個平均何gですか。

(2) 弟が1個食べた後，残りの3個のオレンジの重さの平均が216gになりました。弟が食べたオレンジの重さは何gですか。

7 1Lで0.75m²のかべをぬれるペンキがあります。このペンキを使って，のぶやさんの家のかべ3.6m²とよしきさんの家のかべ3.3m²をそれぞれぬるとき，どちらの家のかべのほうがペンキを何L多く使いますか。

8 コーヒーと牛乳を5：3の比で混ぜてミルクコーヒーを作ります。コーヒーを420mL使うとき，牛乳は何mL必要ですか。

9 ちえさんは48個，くみさんは56個のビー玉を持っています。2人のビー玉を合わせて，ちえさんとくみさんのビー玉の個数の比が4：9になるように分けなおします。ちえさんのビー玉は何個になりますか。

2章 比例と反比例に関する問題

例題

> 時間が増えれば水の量も増えるね。

空の水そうに 1 分間に 4L ずつ水を入れます。下の表は，水を入れた時間 x 分と，入れた水の量 y L の関係を調べたものです。

> いろいろ変わる数

時間 x （分）	1	2	3	4	5	6
水の量 y （L）	4	8		あ		24

(1) 表のあにあてはまる数を求めましょう。

(2) x と y の関係を式に表しましょう。

2つの量 x と y があって，x の値が2倍，3倍，…になると，それに対応する y の値も2倍，3倍，…になるとき，y は x に比例するといいます。
y が x に比例するとき，次の式が成り立ちます。

$$y = きまった数 \times x$$

---

x と y はともなって変わります。 　　x が変われば y も変わる。
水は 1 分間に 4L ずつ，一定の割合で増えます。
　時間（x 分）が 2 倍，6 倍になると水の量（y L）も 2 倍，6 倍になっているので，x と y は比例の関係です。

(1)

時間 x （分）	1	2	3	4	5	6
水の量 y （L）	4	8		あ		24

（2倍、4倍、6倍の関係）

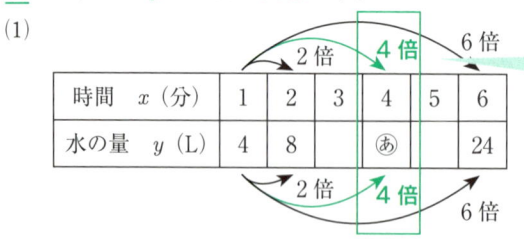

> y の値があのとき，x の値は 4 です。

> 表を横に見てみよう。

x の値が 1 から 4 へ 4 倍になるので，y の値も 4 からあへ 4 倍になります。
$4 \times 4 = 16$
　　　　　　　　　　　　　　　　　　　　　　　答え 16

(2) x の値が 1 のとき y の値が 4 なので，きまった数は 4 だから，
$y = 4 \times x$
　　　　　　　　　　　答え $y = 4 \times x$ （$y \div x = 4$, $y \div 4 = x$）

44

練習

横の長さが 8cm の長方形があります。下の表は，長方形のたての長さ x cm と，長方形の面積 y cm² の関係を調べたものです。

たての長さ x (cm)	1	2	3	4
面積 y (cm²)	8	16	24	32

どんな関係？

長方形の面積が 96cm² のとき，たての長さは何 cm ですか。

まず，表を横に見てみよう。

たての長さ x (cm)	1	2	3	4
面積 y (cm²)	8	16	24	32

32÷8 で求められるね。

x と y はともなって変わっていて，x が2倍になると y も2倍，x が4倍になると，y も ㋐ 倍になっています。

x と y は ㋑ の関係にあります。

x の値が1のとき y の値が8なので，きまった数は ㋒ です。

$y=$ きまった数 × x だから，$x=1$ のときの y の値がきまった数になるよ。

長方形の面積を求める式だね。
(面積)＝(たて)×(横)

x と y の関係を式に表すと，$y=x\times$ ㋒ です。

㋓ が 96 のときの ㋔ を求めるので，

□×△＝○のとき
□＝○÷△が成り立つよ。

$96=x\times 8$ より，$x=96\div 8=12$

答え 12cm

答え ㋐ 4 ㋑ 比例 ㋒ 8 ㋓ y の値(面積) ㋔ x の値(たての長さ)

例題

長方形の面積を求める式は？

下の表は，面積が 36cm² の長方形のたての長さ x cm と横の長さ y cm の関係を調べたものです。

いろいろ変わる数

たての長さ x (cm)	1	2	3	4	5	6
横の長さ y (cm)	36	18	12			㋐

(1) 表の㋐にあてはまる数を求めましょう。

(2) x と y の関係を式に表しましょう。

2つの量 x と y があって，x の値が 2 倍，3 倍，…になると，それに対応する y の値が $\frac{1}{2}$ 倍，$\frac{1}{3}$ 倍，…になるとき，y は x に反比例するといいます。
y が x に反比例するとき，次の式が成り立ちます。

$$y = きまった数 \div x$$

---

x と y はともなって変わります。　　x が変われば y も変わる。

たての長さ（x cm）が 2 倍，3 倍になると，横の長さ（y cm）が $\frac{1}{2}$ 倍，$\frac{1}{3}$ 倍になっているので，x と y は反比例の関係です。

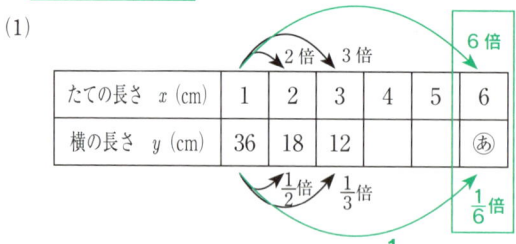

(1)

たての長さ x (cm)	1	2	3	4	5	6
横の長さ y (cm)	36	18	12			㋐

2倍　3倍　6倍
$\frac{1}{2}$倍　$\frac{1}{3}$倍　$\frac{1}{6}$倍

y の値が㋐のとき，x の値は 6 です。

表を横に見てみよう。

x の値が 6 倍になると，y の値は $\frac{1}{6}$ 倍になります。

$36 \times \frac{1}{6} = 6$

答え 6

(2) x の値が 1 のとき y の値が 36 なので，きまった数は 36 だから，

$y = 36 \div x$

答え $y = 36 \div x$　（$x \times y = 36$）

面積はいつも 36cm² だから，長方形の面積を求める式を使って，$x \times y = 36$ でもいいね。

46

練習

三角形の面積を求める式は？

面積が 48cm² の三角形があります。下の表は，底辺を x cm，高さを y cm として，x と y の関係を調べたものです。

どんな関係？

底辺 x (cm)	1	2	3	4
高さ y (cm)	96	48	32	24

底辺が 12cm のとき，高さは何 cm ですか。

まず，表を横に見てみよう。

底辺 x (cm)	1	2	3	4
高さ y (cm)	96	48	32	24

2倍　3倍　$\frac{1}{2}$倍　(ア)倍

32÷96で求められるね。

x と y はともなって変わっていて，x が2倍になると y は $\frac{1}{2}$ 倍，x が3倍になると，y は　(ア)　倍になっています。

x と y は　(イ)　の関係にあります。

x の値が1のとき y の値が96なので，きまった数は　(ウ)　です。

y＝きまった数÷x だから，x＝1のときの y の値がきまった数になるよ。

x と y の関係を式に表すと，

$y =$ (ウ) $\div x$ です。

(エ) が 12 のときの

(オ) を求めるので，

$y = 96 \div 12$　より，$y = 96 \div 12 = 8$

三角形の面積を求める式
（面積）＝（底辺）×（高さ）÷2 を使って
$48 = x \times y \div 2$
$96 = x \times y$ とも書けるね。

答え 8cm

答え (ア) $\frac{1}{3}$　(イ) 反比例　(ウ) 96　(エ) x の値[底辺]　(オ) y の値[高さ]

第2章 確認テスト　答え P100

1 空の水そうに1分間に6Lずつ水を入れます。下の表は，水を入れた時間 x 分と，入れた水の量 y L の関係を調べたものです。これについて，次の問題に答えましょう。

時間　x（分）	1	2	3	4	5	6
水の量　y（L）	6		18	㋐	30	

(1) 表の㋐にあてはまる数を求めましょう。

(2) x と y の関係を式に表しましょう。

(3) 水を84L入れるには，何分かかりますか。

2 ある機械は，1分間に135個の速さで製品をつくることができます。下の表は，機械を動かした時間 x 分と，できた製品の数 y 個の関係を調べたものです。これについて，次の問題に答えましょう。

時間　x（分）	1	2	3	4
製品の数　y（個）	135	270	㋑	540

(1) 表の㋑にあてはまる数を求めましょう。

(2) x と y の関係を式に表しましょう。

(3) 機械を25分動かしたとき，製品は何個できますか。

❸

下の表は，面積が48cm²の平行四辺形の底辺 x cm と，高さ y cm の関係を調べたものです。これについて，次の問題に答えましょう。

底辺 x (cm)	1	2	3	4	5	6
高さ y (cm)	48		16	12		㋐

(1) 表の㋐にあてはまる数を求めましょう。

(2) x と y の関係を式に表しましょう。

(3) 底辺が15cmのとき，高さは何cmですか。

❹

下の表は，1.8kmの道のりを分速 x m で進んだときにかかる時間を y 分としたときの，x と y の関係を調べたものです。これについて，次の問題に答えましょう。

分速 x (m)	100	200	300	400
時間 y (分)	18	9		4.5

(1) x と y の関係を式に表しましょう。

(2) 分速90mの速さで進むとき，かかる時間は何分ですか。

(3) 1時間かかったとき，分速何mの速さで進みましたか。

5 右のグラフは，鉄の棒の長さと重さの関係を表したものです。これについて，次の問題に答えましょう。

鉄の棒の長さと重さ

(1) この鉄の棒3mの重さは何kgですか。

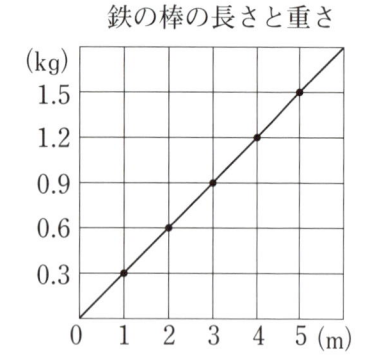

(2) 鉄の棒の長さを x m，そのときの重さを y kgとして，x と y の関係を式で表しましょう。

(3) 鉄の棒の重さが2.4kgのとき，鉄の棒の長さは何mですか。

6 次の㋐〜㋓から，y が x に比例しているもの，反比例しているものを1つずつ選び，㋐〜㋓の記号で答えましょう。

㋐ 面積80cm² のひし形の1つの対角線の長さ x cm と，もう1つの対角線の長さ y cm

㋑ 520m の道のりを x m 進んだときの残りの道のり y m

㋒ 半径 x cm の円の面積 y cm²

㋓ 1秒間に12cm進むおもちゃの電車が x 秒間に進む道のり y cm

3章 速さに関する問題

文章題練習帳 6級

例題

さきさんは 2400m のコースを 15 分で走りました。これについて，次の問題に答えましょう。

(1) このときのさきさんの速さは分速何 m ですか。
(2) さきさんがこの速さで 1280m 走るとき，何分かかりますか。

分速何 m ?

速さ，道のり，時間の関係

速さ＝道のり÷時間
道のり＝速さ×時間
時間＝道のり÷速さ

(1) 速さは，（道のり）÷（時間）で求められるから，走った道のりと走るのにかかった時間を考えます。

さきさんは 2400m のコースを 15 分で走ったので，分速は，
$2400 ÷ 15 = 160$

分速は 1 分間あたりに進む道のりのことだね。

答え 分速 160m

(2) 時間は，（道のり）÷（速さ）で求められるから，走る道のりと走る速さを考えます。

「この速さ」は(1)で求めた分速 160m です。走る道のりは 1280m なので，
$1280 ÷ 160 = 8$（分）

答え 8 分

練習

50分で55km進む電車があります。
(1) この電車の速さは分速何kmですか。
(2) この電車が12分走ると、何km進みますか。
(3) この電車が6600m進むのにかかる時間は何分ですか。

> このときの速さは？
> 何km？

(1) 速さは、□(ア)□÷□(イ)□で求められるから、電車が走る道のりと走るのにかかった時間を考えます。この電車は50分で55km進むので、分速は、

□(ウ)□÷□(エ)□＝1.1

答え 分速1.1km

(2) 道のりは、□(オ)□×□(カ)□で求められるから、電車が走る速さと時間を考えます。この電車の速さは(1)で求めた分速1.1kmで、走る時間は12分なので、

□(キ)□×□(ク)□＝13.2（km）

答え 13.2km

(3) 時間は、□(ケ)□÷□(コ)□で求められるから、電車が走る道のりと速さを考えます。この電車が走る道のりは6600mで、速さは(1)で求めた分速1.1kmです。

6600m＝6.6kmだから、

> 分速1.1kmだから、道のりの単位をkmに直そう。

□(サ)□÷□(シ)□＝6（分）

答え 6分

答え (ア) 道のり (イ) 時間 (ウ) 55 (エ) 50 (オ) 速さ (カ) 時間
(キ) 1.1 (ク) 12 (ケ) 道のり (コ) 速さ (サ) 6.6 (シ) 1.1

例題

> どこからどこまでの道のり？
> 何m進んだ？

みほさんは，1200m はなれた公園に向かって，家から分速 65m で，12 分歩きました。あと 4 分で公園に着くためには，公園まで分速何 m で走ればよいですか。

> 求めるものは何？

走る速さを求めるので，走る道のりと走る時間を考えます。

> 走る時間は 4 分。走る道のりは？

> わかっていることを整理しよう。

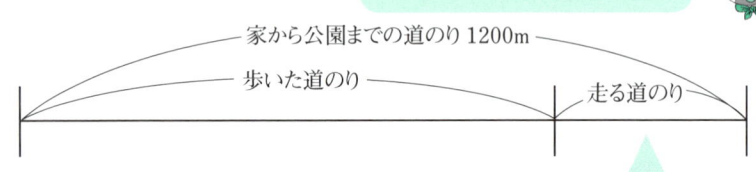

```
|———————— 家から公園までの道のり 1200m ————————|
|——————— 歩いた道のり ———————|——— 走る道のり ———|
```

> 走る道のり＝家から公園までの道のり－歩いた道のり

歩いた道のりを求めます。

歩いた速さは分速 65m，歩いた時間は 12 分なので，

歩いた道のりは，$\underline{65} \times \underline{12} = 780$（m）
　　　　　　　　　速さ　時間

家から公園までの道のりは 1200m なので，

これから走る道のりは，$1200 - 780 = 420$（m）

走る道のりは 420m，走る時間は 4 分だから，

走る速さは，$\underline{420} \div \underline{4} = 105$ より，分速 105m です。
　　　　　　道のり　時間

> （道のり）÷（時間）で速さを求めよう。

答え 分速 105m

練習

ゆうじさんが南町から北町まで自動車で<u>時速 30km</u> で行ったところ，<u>36 分</u>かかりました。はるきさんが同じ道を<u>時速 54km</u> で進んだ場合，南町から北町まで行くのに<u>何分</u>かかりますか。

> 何km 進んだ？
> 求めるものは何？
> 何と同じ？

ゆうじさんとはるきさんは同じ道を進みますが，速さがちがうのでかかる時間もちがいます。はるきさんが南町から北町まで進むのにかかる ［ ア ］ を求めるので，はるきさんの進む道のりと進む速さを考えます。

> ゆうじさんは時速 30km，はるきさんは時速 54km だね。

ゆうじさんが進んだ道のりと同じ

ゆうじさんは南町から北町まで行くのに，

時速［ イ ］km で［ ウ ］分かかったので，

$$\underset{\text{速さ}}{\boxed{(イ)}} \times \underset{\text{時間}}{\frac{3}{5}} = 18 \ (km)$$

> 時速を使って進んだ道のりを求めるから，分を時間に直して計算するよ。
> 36 分は，$\frac{36}{60} = \frac{3}{5}$（時間）だね。

南町から北町までの道のりは 18km です。

はるきさんは 18km の道のりを時速 54km で進むから，

$$\underset{\text{道のり}}{\boxed{(エ)}} \div \underset{\text{速さ}}{\boxed{(オ)}} = \frac{1}{3} \ (時間)$$ かかります。

> 「何分かかるか」を答えるので時間を分にするよ。

$\frac{1}{3}$ 時間は，$60 \times \frac{1}{3} = 20$（分）です。

答え 20 分

答え (ア) 時間　(イ) 30　(ウ) 36　(エ) 18　(オ) 54

第3章 確認テスト

答え P103

1 ひろこさんは分速60mの速さで歩きます。ひろこさんが家から学校まで歩くと8分かかります。また、お兄さんが同じ道のりを自転車で行くと、3分かかります。これについて、次の問題に答えましょう。

(1) 家から学校までの道のりは何mですか。

(2) お兄さんの自転車の速さは、分速何mですか。

(3) ひろこさんが家から0.9kmはなれた駅まで歩いて行くと、何分かかりますか。

2 ももさんとねねさんは、ウォーキングをしました。スタート地点からゴール地点までの道のりは1530mです。ももさんはスタートしてから4分後に340mの地点を通り過ぎました。ももさんは同じ速さで歩き続けたとして、次の問題に答えましょう。

(1) ももさんの歩く速さは分速何mですか。

(2) ももさんはスタートしてから何分後にゴールしましたか。

(3) ねねさんはももさんと同時にスタートし、分速75mで歩き続けました。ももさんがゴールしたとき、ねねさんはゴール地点まであと何mのところにいましたか。

4章 統計に関する問題

> **例題**
>
> ある小学校の児童全員にあたる275人でそうじをします。これについて，次の問題に答えましょう。
>
> （全体は何人かな？）
>
> (1) 児童全員の36％にあたる人数で体育館のそうじをします。体育館のそうじをする児童の数は何人ですか。
>
> (2) 校庭のそうじをする児童の数は77人です。これは児童全員の何％にあたりますか。

> **割合**
>
> ・くらべる量がもとにする量のどれだけにあたるかを表した数を，割合といいます。
>
> ・百分率では，割合を表す0.01を1％と表します。つまり，割合の1を百分率で表すと，100％になります。

(1) 児童全員の275人を100％とみたときの，36％にあたる量を求めます。

（もとにする量）　（割合）

求めるのはくらべる量です。
36％は0.36だから，
275 × 0.36 = 99（人）

（くらべる量）＝（もとにする量）×（割合）だよ。

百分率は小数にしてから計算しよう。

答え 99人

(2) 児童全員の275人を100％とみたときの，77人の割合を求めます。

（もとにする量）　（くらべる量）

求めるのは割合です。
77 ÷ 275 = 0.28
0.28 は 28％

（割合）＝（くらべる量）÷（もとにする量）だよ。

0.01 = 1％だね。

答え 28％

練習

> 何まいのうちの 26 ％？

おり紙が 150 枚 あります。このうち，全体の 26 ％は赤色のおり紙です。これについて，次の問題に答えましょう。

(1) 赤色のおり紙は何枚ありますか。

(2) 青色のおり紙は 21 枚 あります。青色のおり紙は全体の何％ですか。

> もとにする量は何かな？

(3) おり紙を何枚か使いました。黄色のおり紙の枚数は 21 枚で，これは残っているおり紙全体の枚数の 15 ％です。残りのおり紙は何枚ですか。

---

(1) おり紙全体の枚数の ［ア］ 枚を 100 ％とみたときの，［イ］ ％にあたる量を求めます。

［イ］ ％を小数で表すと ［ウ］

> ％は小数に直そう。

もとにする量 × 割合 ＝ くらべる量だから，

［ア］ × ［ウ］ ＝ 39（枚）

答え 39 枚

(2) おり紙全体の枚数の ［ア］ 枚を 100 ％とみたときの，［エ］ のおり紙の枚数 ［オ］ 枚の割合を求めます。

くらべる量 ÷ もとにする量 ＝ 割合だから，

［オ］ ÷ ［ア］ ＝ 0.14 0.14 は 14 ％

> 「何％」で答えるよ。

答え 14 ％

(3) ［カ］ のおり紙の枚数がもとにする量，［キ］ のおり紙の枚数がくらべる量，15 ％が割合です。

15 ％を小数で表すと ［ク］ で，くらべる量 ÷ 割合 ＝ もとにする量だから，

［ケ］ ÷ ［ク］ ＝ 140（枚）

答え 140 枚

答え (ア) 150 (イ) 26 (ウ) 0.26 (エ) 青色 (オ) 21
(カ) 残り (キ) 黄色 (ク) 0.15 (ケ) 21

例題

右の円グラフは，しんごさんの学年全員の好きなくだものを調べ，その結果を表したものです。りんごが好きな人の人数が 45人 のとき，次の問題に答えましょう。

好きなくだものの割合

(1) みかんが好きな人の割合は全体の何%ですか。

(2) しんごさんの学年全員の人数は何人ですか。

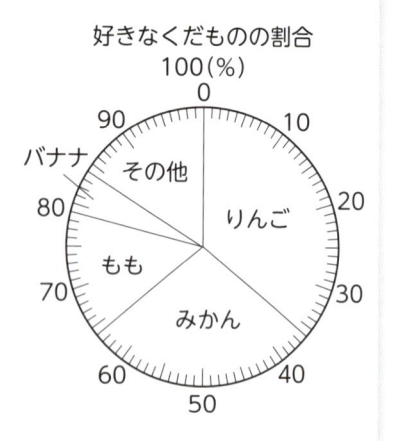

(1) グラフの目もりを読みます。みかんが好きな人の割合は 36 % から 64 % までで表されているので，

64 − 36 = 28（%）

> 円グラフの1目もりは1%だね。

答え 28 %

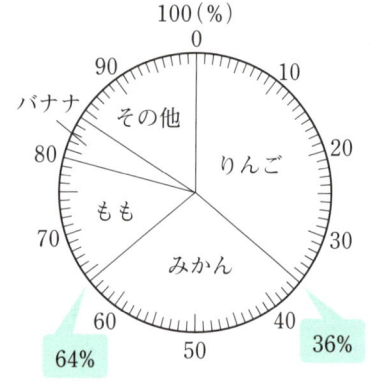

(2) 学年全員の人数は，もとにする量なので，

もとにする量 = くらべる量 ÷ 割合 で求めます。

> 割合はグラフから読み取ることができるよ。わかっている人数をくらべる量としよう。人数がわかるのは，どのくだものが好きな人かな？

くらべる量はりんごが好きな人の人数で 45人，その割合はグラフより 36 % です。

> 問題文から読み取ろう。

36 % は 0.36 だから， 45 ÷ 0.36 = 125（人）

答え 125人

練習

下の帯グラフは，はるみさんの学校の児童全員の住んでいる地域を調べ，その結果をまとめたものです。元町に住んでいる児童数が 115人 のとき，次の問題に答えましょう。

町別の児童数の割合

| 元町 | 上町 | 下町 | 中町 | 西ヶ丘 | 東ヶ丘 | その他 |

0　10　20　30　40　50　60　70　80　90　100%

(1) はるみさんの学校の児童数は，全部で何人ですか。

(2) 上町に住んでいる児童数は，東ヶ丘に住んでいる児童数の何倍ですか。

> どちらがわられる数でどちらがわる数だろう。

---

(1) 児童全員の人数は，もとにする量なので，

もとにする量＝くらべる量÷割合で求めます。

元町に住んでいる児童数は ［ア］ 人　　← 問題文から読み取ろう。

元町に住んでいる児童数の全体に対する割合は ［イ］ ％

［イ］％を小数で表すと ［ウ］ だから，　← グラフから読み取ろう。

［ア］ ÷ ［ウ］ ＝ 575（人）

答え 575人

(2) 上町，東ヶ丘それぞれに住んでいる児童数の割合をくらべます。

上町に住んでいる児童数の割合は ［エ］ ％

東ヶ丘に住んでいる児童数の割合は ［オ］ ％

だから，［エ］ ÷ ［オ］ ＝ 1.8（倍）

> 人数を求めなくても，割合でくらべることができるね。

答え 1.8倍

答え (ア) 115　(イ) 20　(ウ) 0.2　(エ) 18　(オ) 10

例題

右の表は，けいこさんのクラスで空きかん集めをしたときの，クラス全員がそれぞれが集めた空きかんの個数を調べてまとめたものです。これについて，次の問題に答えましょう。

集めた空きかんの個数（個）	人数（人）
0以上～ 5未満	1
5 ～10	3
10 ～15	10
15 ～20	5
20 ～25	2
合　計	

(1) 集めた空きかんが15個の人は，上の表の何個以上何個未満のはんいに入りますか。

(2) けいこさんは，集めた数が少ないほうから数えて7番めでした。上の表の何個以上何個未満のはんいに入りますか。

(3) けいこさんのクラスの人数は，何人ですか。

資料のちらばりのようすを表にまとめると，特ちょうがよくわかります。
・●以上…●と●より大きい数
・●未満…●より小さい数（●はふくまない）

---

(1) 空きかんの数は，表の左側から読み取れます。
15個は15個以上20個未満のはんいに入ります。

答え 15個以上20個未満

(2) 0個以上5個未満の人数…1人　┐
　　5個以上10個未満の人数…3人　┘ 10個未満の人数は 1＋3＝4（人）
　　10個以上15個未満の人数…10人 ── 15個未満の人数は 4＋10＝14（人）

けいこさんは，10個以上15個未満のはんいに入ります。

答え 10個以上15個未満

(3) すべてのはんいの人数を合わせた数が，クラス全員の人数です。
1＋3＋10＋5＋2＝21（人）

答え 21人

練習

下の表1は，あきよしさんのクラス全員が，それぞれのはちで育てているアサガオについて，ある1週間でさいた花の数を調べたものです。表1の結果を，表2を使って整理します。

表1　さいた花の数調べ

番号	花の数(個)	番号	花の数(個)	番号	花の数(個)
①	6	⑧	9	⑮	18
②	16	⑨	10	⑯	12
③	8	⑩	2	⑰	20
④	3	⑪	13	⑱	14
⑤	7	⑫	22	⑲	12
⑥	10	⑬	11	⑳	8
⑦	16	⑭	15		

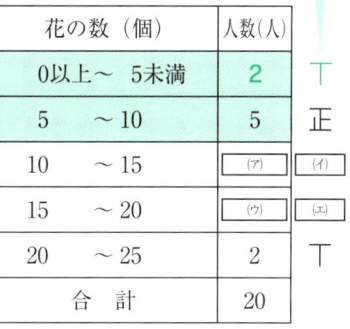

表2　さいた花の数調べ

花の数（個）	人数(人)
0以上〜 5未満	
5 〜10	
10 〜15	
15 〜20	
20 〜25	
合　計	20

(1) 表2の空らんにあてはまる数を書きましょう。

(2) さいた花が10個未満の人は全部で何人ですか。

資料を1つ数えるごとに「正」の字を書いていこう。

(1) 表1からそれぞれのはんいに入る人数を数えます。

表1　さいた花の数調べ

番号	花の数(個)	番号	花の数(個)	番号	花の数(個)
①	6̸	⑧	9̸	⑮	18
②	16	⑨	10	⑯	12
③	8̸	⑩	2̸	⑰	20
④	3̸	⑪	13	⑱	14
⑤	7̸	⑫	22	⑲	12
⑥	10	⑬	11	⑳	8̸
⑦	16	⑭	15		

表2　さいた花の数調べ

花の数（個）	人数(人)	
0以上〜 5未満	2	丅
5 〜10	5	正
10 〜15	(ア)	(イ)
15 〜20	(ウ)	(エ)
20 〜25	2	丅
合　計	20	

数えた資料には「／」で印をつけておくと，もれや重なりを防げるね。

(2) 10個未満の人は，(オ)個以上(カ)個未満のはんいと5個以上10個未満のはんいに入っています。2＋5＝7（人）

5個以上10個未満のはんいだけじゃないね。注意しよう！

答え 7人

答え　(ア) 7　(イ) 正丅　(ウ) 4　(エ) 正　(オ) 0　(カ) 5

例題

右の柱状グラフは，えいたさんのクラス全員の通学時間を表したものです。これについて，次の問題に答えましょう。

(1) 通学時間が 10 分以上 15 分未満の人は何人ですか。

(2) 通学時間が長いほうから数えて 11 番めの人は何分以上何分未満のはんいに入りますか。

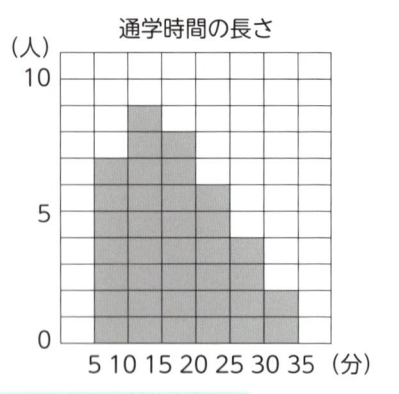

(3) えいたさんのクラスの人数は，何人ですか。

通学時間の長さ

> 11 番めの人のはんいは？

柱状グラフは，ちらばりの様子を表すグラフです。

(1) グラフのたて軸は人数を，横軸は時間を表しています。
通学時間が 10 分以上 15 分未満の人は，9 人です。

答え 9 人

(2) それぞれのはんいの人数を，通学時間が長いほうから調べます。
30 分以上 35 分未満の人数…2 人
25 分以上 30 分未満の人数…4 人 } 25 分以上の人数は 2 + 4 = 6（人）
20 分以上 25 分未満の人数…6 人 — 20 分以上の人数は 6 + 6 = 12（人）

通学時間が長いほうから数えて 11 番めの人は，20 分以上 25 分未満のはんいに入ります。

答え 20 分以上 25 分未満

(3) すべてのはんいの人数を合わせた数が，クラス全員の人数です。
7 + 9 + 8 + 6 + 4 + 2 = 36（人）

答え 36 人

練習

右の柱状グラフは，ちひろさんのクラス全員のソフトボール投げの記録を整理したものです。これについて，次の問題に答えましょう。

(1) ちひろさんの記録は 28m です。右のグラフの何 m 以上何 m 未満のはんいに入りますか。

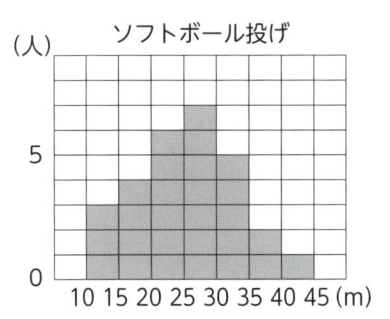

(2) ちひろさんのクラスの人数は，何人ですか。

(3) 記録が 30m 以上の人は，クラス全体の何%ですか。答えは小数第1位を四捨五入して整数で求めましょう。

---

(1) 記録は，グラフの ㋐ 軸に注目します。はんいは ㋑ m ずつに区切っていて，28m の人が入るのは 25m 以上 30m 未満のはんいです。

答え 25m 以上 30m 未満

(2) すべてのはんいの人数を合わせた数が， ㋒ です。
3 + 4 + ㋓ + ㋔ + 5 + 2 + 1 = 28（人） **答え** 28 人

(3) 記録が 30m 以上の人は，5 + 2 + ㋕ = 8（人）です。

- 30m 以上 35m 未満の人
- 35m 以上 40m 未満の人
- 40m 以上 45m 未満の人

30m 以上の人のクラス全体の人数に対する割合は，

もとにする量はクラス全体の人数だね。

8 ÷ ㋖ = 0.285… で，28.5…%です。 $\frac{9}{28.5…\%}$

28.5…%の小数第1位を四捨五入するので，29% **答え** 29%

答え ㋐ 横　㋑ 5　㋒ クラスの人数　㋓ 6　㋔ 7
　　　㋕ 1　㋖ 28

> **例題**
>
> あきこさんは野菜の種を買いに行きました。トマト，キュウリ，ナス，エンドウ，ダイコンの5種類から，2種類を選んで買います。これについて，次の問題に答えましょう。
>
> (1) 1種類はトマトを選ぶとき，もう1種類の選び方は何とおりありますか。
>
> (2) エンドウを選ばないとき，2種類の選び方は何とおりありますか。
>
> (3) 5種類の野菜の種の中から2種類を選ぶとき，選び方は全部で何とおりありますか。

(1) 野菜の種は全部で5種類だから，1種類はトマトを選ぶとき，選ぶことのできるもう1種類の野菜の種は，キュウリ，ナス，エンドウ，ダイコンの4種類です。　2種類選ぶから，トマトは選べないよ。　**答え** 4とおり

(2) エンドウを選ばないとき，選ぶことのできる野菜は，トマト，キュウリ，ナス，ダイコンの4種類です。
4種類の中から2種類を選ぶ選び方をかき出して調べます。

トマトは⑦，キュウリは㋖，ナスは㋕，エンドウは㋓，ダイコンは㋙として表すよ。

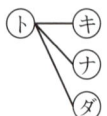

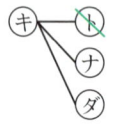

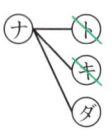

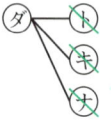

⑦-㋙と㋙-⑦は同じ選び方だから，一方はかぞえなくていいよ。

答え 6とおり

(3) 落ちや重なりがないように，図にかいて調べます。

	⑦	㋖	㋕	㋓	㋙
⑦		○	○	○	○
㋖	○		○	○	○
㋕	○	○		○	○
㋓	○	○	○		○
㋙	○	○	○	○	

2種類を選ぶから，1列に2個ずつ○をつけよう。

選び方が多いときは，このように図にかいて調べるといいね。

答え 10とおり

練習

ゆりさんはプレゼントを買いに行きました。プレゼントの包そう紙は，花がら，しまもよう，無地の 3 種類から 1 種類を，リボンは，赤，青，黄，緑の 4 種類から 1 種類を選びます。これについて，次の問題に答えましょう。

(1) 包そう紙とリボンの組み合わせは全部で何とおりありますか。

(2) この日は，花がらの包そう紙と黄色のリボンがお店になかったので，残りの種類から包そう紙とリボンを選びます。包そう紙とリボンの組み合わせは何とおりありますか。

(1) 包そう紙は ア 種類の中から，リボンは イ 種類の中から選びます。

包そう紙の花がらを�，しまもようを㊗，無地を㊊

リボンの赤を㊤，青を㊨，黄を㊩，緑を㊮としてかき出して組み合わせを調べます。

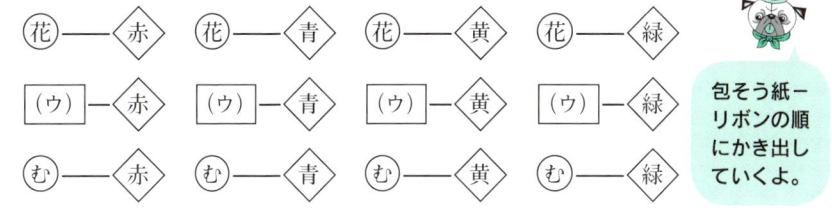

�——㊤　�——㊨　�——㊩　�——㊮
(ウ)——㊤　(ウ)——㊨　(ウ)——㊩　(ウ)——㊮
㊊——㊤　㊊——㊨　㊊——㊩　㊊——㊮

> 包そう紙－リボンの順にかき出していくよ。

答え 12 とおり

(2) 包そう紙は，しまもよう， エ の 2 種類から選び，リボンは，赤，青， オ の 3 種類から選ぶことになります。

㊗——㊤　㊗——㊨　㊗—— オ
㊊——㊤　㊊——㊨　㊊—— オ

答え 6 とおり

答え (ア) 3　(イ) 4　(ウ) ㊗　(エ) 無地　(オ) 緑

場合の数

67

例題

赤，青，白，黒の4色のペンキを使って，旗に色をぬります。これについて，次の問題に答えましょう。

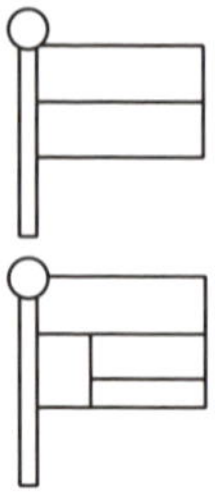

(1) このうち **2色** を選んで，右のような旗に色をぬります。全部で **何とおり** のぬり方がありますか。

(2) **4色** すべてを使って右のような旗に色をぬります。全部で **何とおり** のぬり方がありますか。

---

(1) 2色のぬり方を図にかいて調べます。

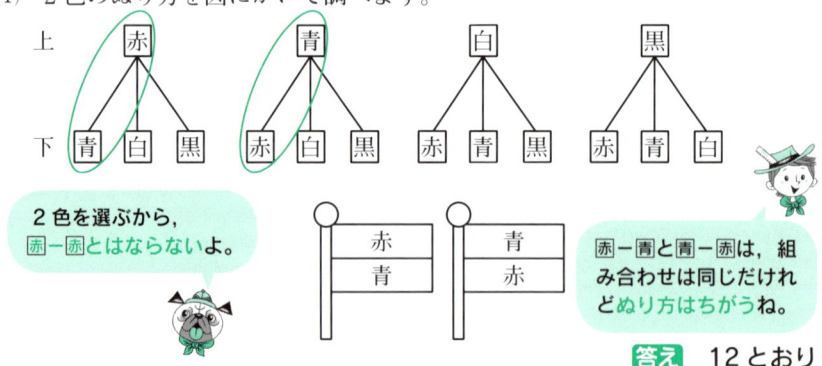

上	赤	青	白	黒
下	青 白 黒	赤 白 黒	赤 青 黒	赤 青 白

2色を選ぶから，赤-赤 とはならないよ。

赤-青 と 青-赤 は，組み合わせは同じだけれどぬり方はちがうね。

答え 12とおり

(2) 右の図のようにア〜エを決めて考えます。
アに赤をぬるときのぬり方は **6とおり** あります。

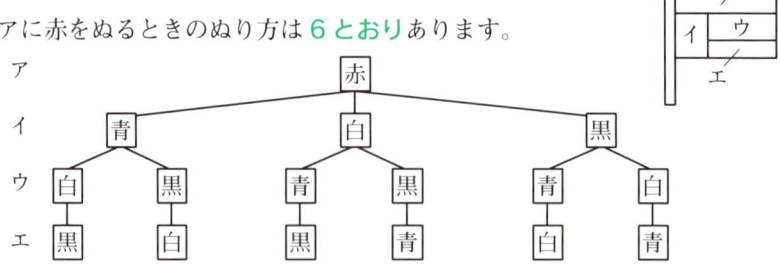

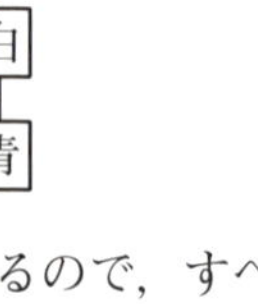

```
ア          赤
       ／   │   ＼
イ    青    白    黒
     ／＼  ／＼  ／＼
ウ   白 黒 青 黒 青 白
     │ │  │ │  │ │
エ   黒 白 黒 青 白 青
```

アに青，白，黒をぬるときもそれぞれ **6とおり** のぬり方があるので，すべてのぬり方は，

6×4＝24（とおり）

答え 24とおり

練習

1, 2, 5, 6 の数字が書かれたカードが1まいずつあります。このカードをならべて整数をつくるとき，次の問題に答えましょう。

(1) 2まいを選んでならべるとき，2けたの整数は，全部で何とおりつくれますか。

(2) 3まいを選んでならべるとき，3けたの偶数は，全部で何とおりつくれますか。

(1) 2まいのカードのならべ方を図にかいて調べます。

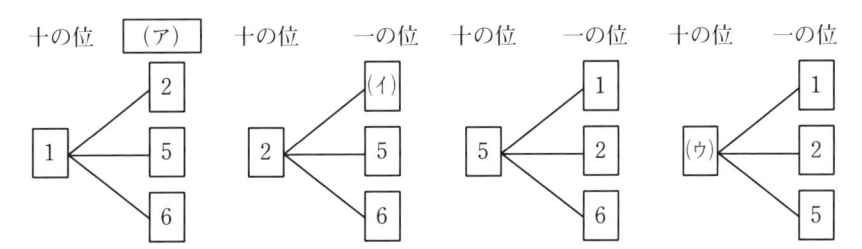

どのカードも1まいずつしかないことに気をつけよう。

答え 12とおり

(2) 3けたの偶数は，　(エ)　の位が偶数です。

偶数が書かれたカードは2と　(オ)　なので，

　(エ)　の位が2か　(オ)　の場合を考えます。

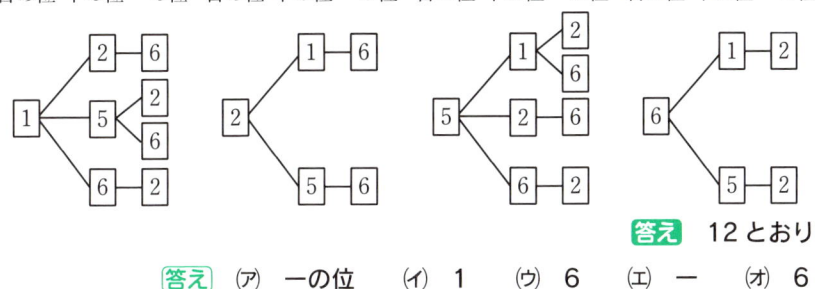

答え 12とおり

答え (ア) 一の位　(イ) 1　(ウ) 6　(エ) 一　(オ) 6

第4章 確認テスト   答え P105

❶ たくやさんの学年の社会科見学では、全員がそれぞれ2つの工場のうちどちらか1つを選んで行くことになっています。右上の表は、学年全員の見学する工場の希望と、各工場の定員をまとめたものです。これについて、次の問題に答えましょう。

	定員	希望者数
工場A	70	42
工場B	50	54

(1) 工場Aの定員に対する希望者の割合を百分率で求めましょう。

(2) 工場Bの定員に対する希望者の割合を百分率で求めましょう。

❷ 右の円グラフは、みかんとりんごについて、その生産地と生産量の割合を表したものです。これについて、次の問題に答えましょう。

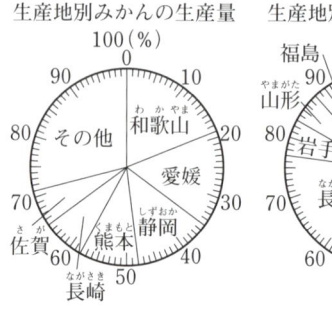

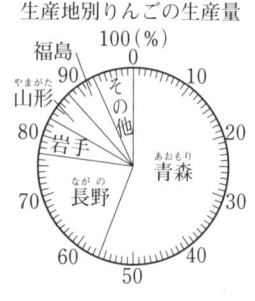

(1) みかんについて、愛媛県の生産量の割合は、全体の何%ですか。

(2) りんごについて、福島県の生産量の割合と同じ割合なのは、どの県ですか。

(3) 岩手県のりんごの生産量は39300tでした。りんごの生産量は全体で何tですか。

3

右の表は，なつみさんのクラス全員の昨日のテレビの視ちょう時間を調べ，その結果をまとめたものです。これについて，次の問題に答えましょう。

テレビの視ちょう時間調べ

視ちょう時間	人数(人)
0分以上～　　30分未満	5
30分　～　1時間	7
1時間　～1時間30分	4
1時間30分　～　2時間	6
2時間　～2時間30分	2
2時間30分　～　3時間	2
合　計	

(1) テレビの視ちょう時間が30分以上1時間未満の人は，何人いますか。

(2) なつみさんのクラスの人数は何人ですか。

(3) テレビの視ちょう時間が2時間以上の人は，クラス全体の何％ですか。答えは小数第1位を四捨五入して整数で求めましょう。

4

右の柱状グラフは，けんたさんのクラス全員の立ちはばとびの結果を調べ，まとめたものです。これについて，次の問題に答えましょう。

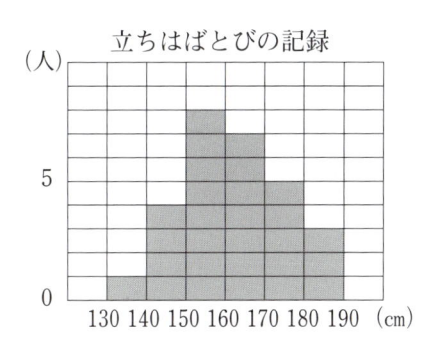

立ちはばとびの記録

(1) 人数がいちばん多いのは，何cm以上何cm未満のはんいですか。

(2) けんたさんのクラスは全員で何人ですか。

(3) けんたさんの記録は，よいほうから数えて15番めです。けんたさんは何cm以上何cm未満のはんいに入りますか。

5 いちご，みかん，メロン，ぶどう，レモンの5種類のあめが売られています。こうじさんは，この中から何個か買おうとしています。全部ちがう種類になるように選ぶとき，次の問題に答えましょう。

(1) あめを2個買います。あめの選び方は全部で何とおりありますか。

(2) あめを3個買います。1個はメロンにするときあめの選び方は全部で何とおりありますか。

6 あるレストランには，食べ物と飲み物のセットがあり，右の図のような3種類の食べ物と4種類の飲み物の中から，それぞれ1種類選ぶことができます。食べ物と飲み物の組み合わせは，全部で何とおりありますか。

食べ物	飲み物
ハンバーグ	コーヒー
ドリア	紅茶
	オレンジジュース
エビフライ	ウーロン茶

7 100円玉1まいを続けて3回投げます。このとき，表と裏の出方について，次の問題に答えましょう。

(1) 1回めが裏となる出方は，全部で何とおりありますか。

(2) 表と裏の出方は，全部で何とおりありますか。

チャレンジ！
長文問題

[実用数学技能検定 文章題練習帳 6級]

長文問題①

八月四日　金曜日

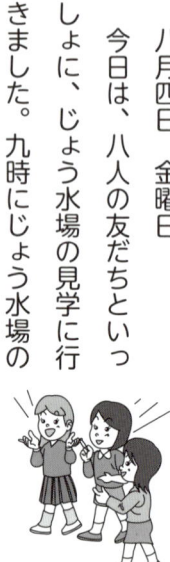

今日は、八人の友だちといっしょに、じょう水場の見学に行きました。九時にじょう水場の近くの駅を出て、みんなで歩いてじょう水場へ行きました。じょう水場は、駅から千二百メートルのところにありました。

じょう水場では、いろいろな話を聞きました。

わたしは、海にはあんなにたくさんの水があるんだから、飲んだり、おふろに入ったりするために使う水も、たくさんあるんだと思っていました。でも、海水は飲むことも、おふろの水に使うこともできないそうです。海水は、地球にある水の九十七％にもなります。海水以外で、わたしたちが飲むことができる水の量はもっと少なくて、地球にある全部の水の量が一リットルだとしたら、飲むことができる水の量は十ミリリットルくらいだそうです。

じょう水場の人たちは、川の水などを飲めるようにきれいにして、わたしたちの町の家や学校に送ってくれています。一日に送る水の量は、およそ一億三千五百万リットルにもなるそうです。

わたしは、毎日たくさんの水を飲みます。水道の水を飲むことができるのは、じょう水場ではたらく人たちのおかげだと知りました。

じょう水場の人たちは「わたしたちは、この町のおよそ四十五万人の人々に水をとどけています。これからも、安全な水をみなさんにとどけられるようにがんばります。」と言っていました。

十時半にじょう水場を出て、行きと同じ道を歩いて駅まで帰りました。のんびり歩いていたので、駅に着いたときは十時五十四分でした。

左のはるえさんの書いた日記を読んで，次の問題に答えましょう。

(1) 地球にある全部の水のうち，飲むことのできる水の割合はおよそ何%ですか。

(2) この町で1日に使う水の量は1人あたりおよそ何Lですか。

(3) はるえさんたちは，じょう水場から駅まで分速何mの速さで歩きましたか。

　　　　　　　　帰りの速さだね。

---

(1) 地球にある全部の水の量を1Lとしたとき，飲むことができる水の量であるおよそ　(ア)　が全体のどれだけにあたるかを求めます。

　　　　　　　　　　　　　　1000mL＝1Lだね。

単位をLにそろえると，10mL＝　(イ)　です。
求める割合は，0.01÷1＝0.01　0.01　は　1％

答え　およそ1％

(2) この町に1日に送る水の量は，およそ135000000Lで，このじょう水場からおよそ　(ウ)　人の人に水がとどけられています。
1日に使う水の量が，1人あたり何Lかを求めるので，
135000000÷450000＝300（L）

答え　およそ300L

(3) 速さを求めるので，じょう水場から駅まで歩くのにかかった時間と，道のりを考えます。
10時半にじょう水場を出て，駅に着いたときは10時　(エ)　分だったので，歩くのにかかった時間は24分です。

じょう水場から駅までの道のりは　(オ)　mなので，
　　　　　　　　　　　　　　　　　日記のどこに書いてあるかな？
1200÷24＝50

答え　分速50m

答え　(ア) 10mL　(イ) 0.01L　(ウ) 450000（45万）
　　　　(エ) 54　(オ) 1200

長文問題　75

長文問題②

ゆきえさんはお母さんとレストランでお昼ごはんを食べることにしました。ゆきえさんたちはメニューを見ながら話をしています。

> ゆきえ：「わたしは，1100円のハンバーグセットがいいな。ご飯とスープ，ジュースがセットなんだって。」

> お母さん：「それじゃあ野菜が少ないわよ。お母さんとわかめサラダを分けて食べましょう。それと…お母さんは焼き魚定食にするわ。ゆきえのメニューとねだんは同じだけど，小さなデザートがついてるの。」

> ゆきえ：「えー，わたしもデザート食べたい！」

> お母さん：「うーん，じゃあハンバーグランチセットにしたら？ハンバーグセットより100円高いけど，ハンバーグセットにミニサラダとプリンがついているのよ。」

> ゆきえ：「じゃあそれにする。あ，でもわかめサラダはどうする？」

> お母さん：「ゆきえはミニサラダがあるから…わかめサラダはやめて，わたしはこっちの量の少ないミニわかめサラダを食べるわ。」

> ゆきえ：「あれ？わかめサラダは540円なのに，ミニわかめサラダは200円なんだね。」

> お母さん：「※ミニわかめサラダのほうがお得ね。じゃあそれできまり。」

> ゆきえ：「すみませーん。注文お願いします！」

上のゆきえさんたちの会話について，次の問題に答えましょう。ただし，消費税はねだんにふくまれているので，考える必要はありません。

(1) 2人分の食事の代金は何円ですか。

(2) ゆきえさんの食事の代金は，2人分の食事の代金の何%ですか。

(3) ※について，わかめサラダは 78g，ミニわかめサラダは 28g でした。1g あたりのねだんは，どちらのほうが安いですか。

(1) ゆきえさんはハンバーグランチセットを，お母さんは焼き魚定食とミニわかめサラダを注文します。

ハンバーグランチセットはハンバーグセットより 100 円高いので，

　□(ア)　＋ 100 ＝ 1200（円）　　ハンバーグセットと同じねだんだね。

焼き魚定食は □(イ)　円，ミニわかめサラダは 200 円です。

2 人分の食事の代金は，1200 ＋ 1100 ＋ 200 ＝ 2500（円）

答え 2500 円

(2) 2 人分の食事の合計 2500 円を 100% としたとき，ゆきえさんの食事の代金 □(ウ)　円が全体のどれだけにあたるかを求めます。

1200 ÷ 2500 ＝ 0.48　　0.48 は 48 %

答え 48 %

(3) わかめサラダは，78g で □(エ)　円だから，

どちらのほうが安いかを答えるので，1g あたりおよそ何円かがわかればいいね。

□(エ)　÷ 78 ＝ 6.92…　で，1g あたりおよそ 6.9 円です。

ミニわかめサラダは，□(オ)　g で 200 円だから，　6.9 ＜ 7.1 だね。

200 ÷ □(オ)　＝ 7.14…　で，1g あたりおよそ 7.1 円です。

1g あたりのねだんはわかめサラダのほうが安いです。

答え わかめサラダ

答え (ア) 1100　(イ) 1100　(ウ) 1200　(エ) 540　(オ) 28

長文問題③

　としひろさんは，同じクラスの生徒36人で動物園に行くことになりました。入園料について，動物園の受付の人に電話で聞きました。としひろさんと動物園の受付の人の会話文を読んで，次の問題に答えましょう。

> 「来週の日曜日にクラスの全員でそちらに行こうと思っているのですが，入園料はいくらですか？」
>
> 「大人が1000円，中学生が800円で，小学生は500円です。何人で来ますか？」
>
> 「小学生が36人です。」
>
> 「30人以上なら，団体割引がありますよ。全員10％引きの料金で入れます。
> 　あと，平日に来るときは，年れいに関係なく1人300円ですよ。」
>
> 「わかりました！ありがとうございます。」

(1) クラス全員分の入園料の合計は何円ですか。

(2) としひろさんは，春休みの平日に中学生のお兄さんと動物園へ行きました。2人分の入園料の合計は何円ですか。

---

(1) 団体割引で全員 ［　(ア)　］ ％引きの料金で入れます。

1人あたりの入園料は，$500 × (1 - 0.1) = 450$ （円）

［　(イ)　］ 人で行くので，$450 × 36 = 16200$ （円）　　**答え** 16200円

(2) 平日の入園料は，年れいに関係なく1人 ［　(ウ)　］ 円です。

2人分の入園料の合計は，［　(ウ)　］ $× 2 = 600$ （円）　　**答え** 600円

答え　(ア) 10　　(イ) 36　　(ウ) 300

付録

図形に
関する問題

実用数学技能検定
文章題
練習帳 6級

例題

下の図のあ，いの角の大きさは，それぞれ何度ですか。

(1) 四角形（120°，75°，直角，あ）

(2) 二等辺三角形（頂角110°，底角い）

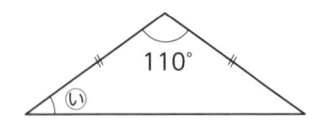

四角形の4つの角の大きさの和は360°

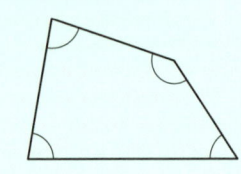

三角形の3つの角の大きさの和は180°

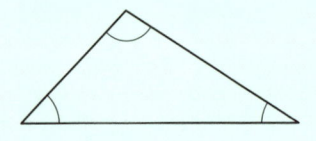

(1) 四角形の4つの角の大きさの和が360°であることから考えます。

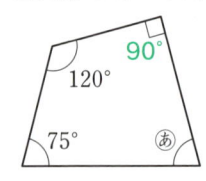

　　直角だから90°だね。

120°＋75°＋90°＋あ＝360°だから，

あの角の大きさは，

360°－（120°＋75°＋90°）＝360°－285°＝75°

答え 75°

(2) 三角形の3つの角の大きさの和が180°であることから考えます。

下の図でい＋う＋110°＝180°だから，

いの角とうの角の大きさの和は，180°－110°＝70°

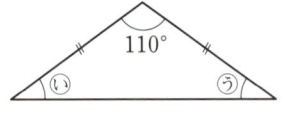

　　二等辺三角形には，大きさの等しい角が2つあるね。

いの角とうの角の大きさは等しいから，

いの角の大きさは，70°÷2＝35°

　　いの角とうの角の大きさは等しいから，70°の半分になるね。

答え 35°

80

練習

右の図のように，半径 6cm の円の中に，三角形 ABC がぴったり入っています。点 O は円の中心で，辺 BC は円の直径です。これについて，次の問題に答えましょう。

(1) あの角の大きさは何度ですか。

(2) いの角の大きさは何度ですか。

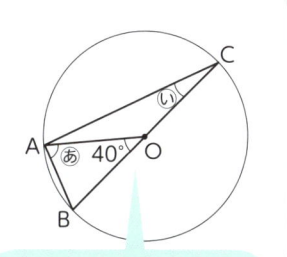

> 三角形 OAB や三角形 OAC はどんな三角形かな。

(1) 右下の図であ＋う＋ 40°＝ (ア) °だから，あの角とうの角の大きさの和は，

(ア) °－ 40°＝ 140°

辺 OA の長さと辺 OB の長さは，どちらも (イ) cm です。2つの辺の長さが等しいので，右の色をぬった三角形は (ウ) 三角形で，あの角とうの角の大きさは等しいです。

あの角の大きさは，140°÷ (エ) ＝ 70°

> 二等辺三角形をみつけよう。 
> 円の半径と等しいよ。

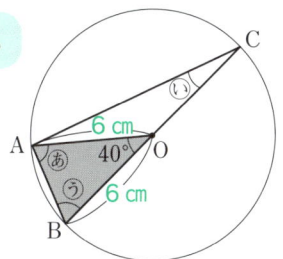

答え 70°

(2) 40°のとなりの角の大きさは， (オ) °－ 40°＝ 140°です。

右の図の三角形 OAC で，い＋え＋ (カ) °＝ 180°だから，いの角とえの角の大きさの和は， 180°－ 140°＝ 40°

右の図の三角形 OAC は辺 OA と辺 OC の長さが等しいので， (ウ) 三角形で，いの角とえの角の大きさは等しいです。

いの角の大きさは，40°÷ (エ) ＝ 20°

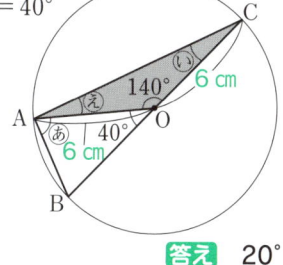

答え 20°

答え (ア) 180　(イ) 6　(ウ) 二等辺　(エ) 2　(オ) 180　(カ) 140

例題

対称の軸とは？

右の図の正八角形は，直線アイを対称の軸とする線対称な図形です。これについて，次の問題に答えましょう。

正八角形はどんな形？

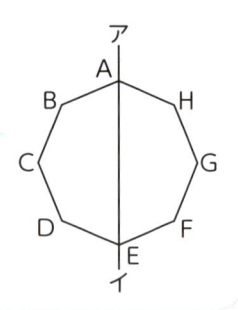

(1) 辺CDに対応する辺はどれですか。
(2) 対称の軸は，直線アイのほかに何本ありますか。

1つの直線を折り目にして折ったとき，折り目の両側がぴったり重なる図形を，線対称な図形といいます。また，その折り目にした直線を対称の軸といいます。

線対称な図形では，対応する辺の長さや角の大きさは等しいです。

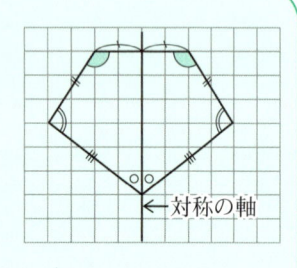

←対称の軸

---

(1) 対称の軸アイで正八角形を折ったときに重なる辺を考えます。

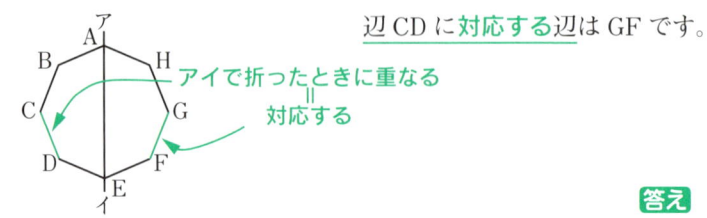

アイで折ったときに重なる
＝
対応する

辺CDに対応する辺はGFです。

答え 辺GF

(2) どこで折れば，折り目の両側がぴったり重なるかを考えます。

対角線　　　　　　　　　　辺の真ん中を通る線

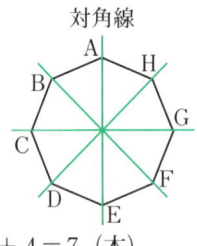

AEは直線アイだから，数えなくていいね。

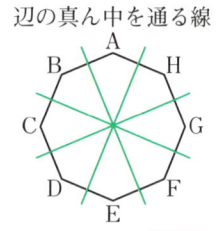

3 + 4 = 7（本）

答え 7本

82

練習

線対称な図形の特ちょうは？

右の図は，直線アイを対称の軸とする線対称な図形です。これについて，次の問題に答えましょう。

(1) あの角の大きさは何度ですか。
(2) 直線ウエの長さは何 cm ですか。

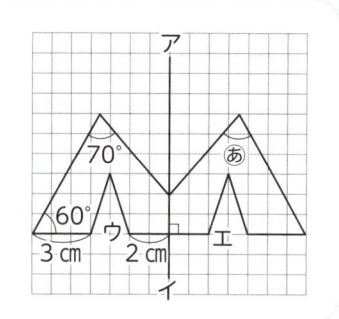

(1)

> あの角とぴったり重なる角を考えよう。

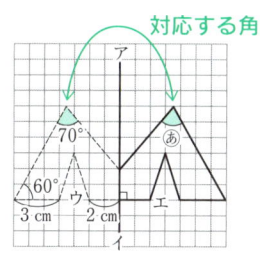

直線アイを折り目にして折ったとき，あの角と 70°の角はぴったり重なるので，あの角に ⑦ する角は 70°の角です。

⑦ する角は大きさが ⑦ ので，あの角の大きさは 70°です。

答え 70°

(2) 右の図で，直線オエの長さがわかれば直線ウエの長さもわかります。

頂点ウは頂点エに ⑦ する頂点で，直線ウエは，対称の軸と ⑦ に交わっています。点オから頂点ウまでの長さと，点オから頂点エまでの長さは ㋓ ので，直線オエの長さは ㋔ cm です。

直線ウエの長さは，2 + ㋔ = 4 (cm)

直線ウオの長さ　直線オエの長さ

答え 4cm

答え ⑦ 対応　⑦ 等しい　⑦ 垂直（直角）　㋓ 等しい　㋔ 2

対称と合同　83

例題

対称の中心とは？

右の図は，点Oを対称の中心とする点対称な図形です。これについて，次の問題に答えましょう。

(1) 頂点Bに対応する頂点はどれですか。
(2) 辺CDに対応する辺はどれですか。

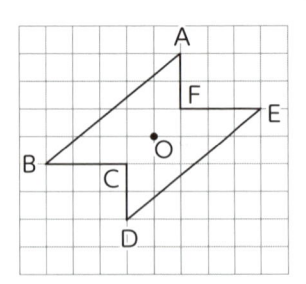

1つの点のまわりに180°回転させたとき，もとの形にぴったり重なる図形を，点対称な図形といいます。また，そのときの点を対称の中心といいます。

点対称な図形では，対応する辺の長さや角の大きさは等しいです。

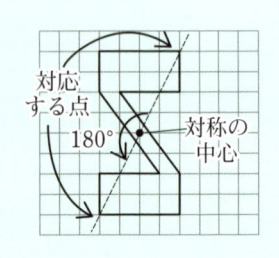

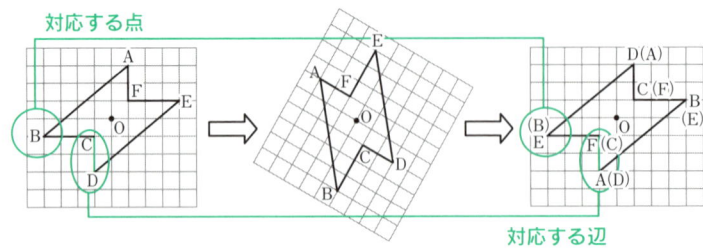

対応する点

対応する辺

(1) 頂点Bに対応する点は，点Oのまわりに180°回転させたときに，ぴったり重なる点です。頂点Bに対応する点は頂点Eです。

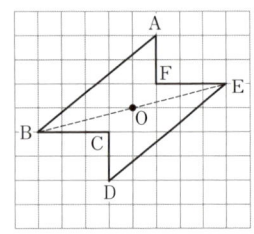

答え 頂点E

(2) 点Oのまわりに180°回転させたときに，ぴったり重なる辺を考えます。辺CDに対応する辺はFAです。

答え 辺FA

> 点対称な図形の特ちょうは？

練習

右の図は，点Oを対称の中心とする点対称な図形です。

(1) 頂点Bに対応する頂点はどれですか。

(2) 辺ABの長さが8cm，辺BCの長さが6cm，辺CDの長さが7cmのとき，辺DEの長さは何cmですか。

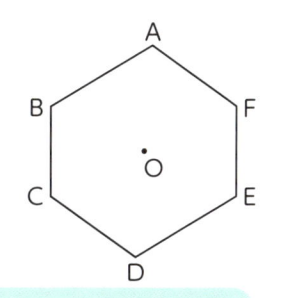

> どの辺が何cmか，1つ1つ確認しよう。

(1) 頂点Bに対応する頂点は，点Oを中心にして ㋐ 回転させたときにぴったり重なる点で，頂点Bと点 ㋑ を通る直線の上にあります。

頂点Bに対応する頂点はEです。

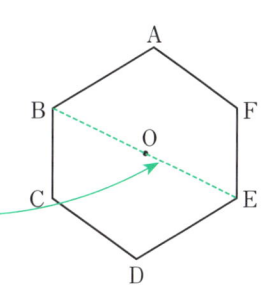

答え 頂点E

(2) 右の図のように，辺の長さをかきこみます。
辺DEは辺 ㋒ に対応する辺なので，辺 ㋒ と長さが等しいです。
辺DEの長さは，8cmです。

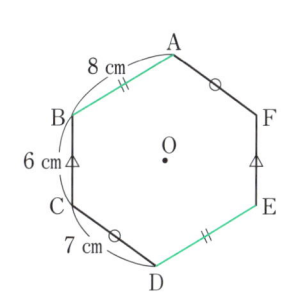

答え 8cm

答え ㋐ 180°　㋑ O　㋒ AB

例題

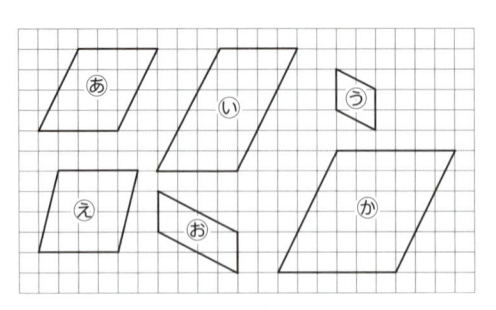

上の図で，あの平行四辺形の拡大図，縮図をい〜かの中からそれぞれ1つずつ選びましょう。

> ある図形を，形を変えずに拡大した図形を拡大図，縮小した図形を縮図といいます。
> 拡大図や縮図では，対応する角の大きさや対応する辺の長さの比がすべて等しくなっています。

対応する辺の長さの比はすべて2：3になっているね。

AはBの縮図
BはAの拡大図

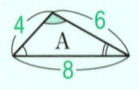

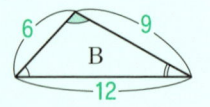

方眼を利用して，角の大きさや，辺の長さの比を比べます。

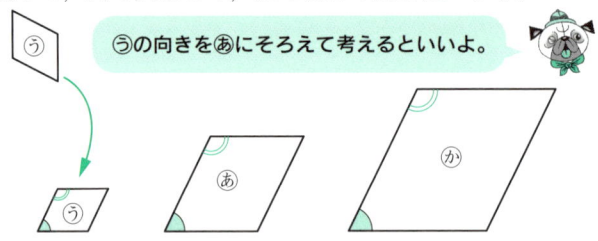

うの向きをあにそろえて考えるといいよ。

あの図とかの図は，対応する辺の長さの比がどれも2：3で，かの図は，あの図と対応する角の大きさがどれも同じなので，あの拡大図です。

あの図とうの図は，対応する辺の長さの比がどれも2：1で，うの図は，あの図と対応する角の大きさがどれも同じなので，あの縮図です。

答え 拡大図 か　　縮図 う

練習

下の図で，四角形 EFGH は四角形 ABCD の $\frac{2}{3}$ の縮図です。これについて，次の問題に答えましょう。

(1) 辺 AB と辺 EF の長さの比を求め，もっとも簡単な整数の比にしましょう。

比の順番に注意！

(2) 辺 FG の長さは何 cm ですか。
(3) 角 B の大きさは何度ですか。

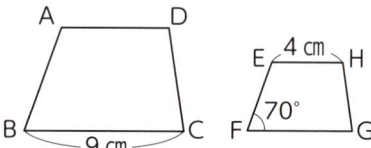

$a:b$ のとき，$\frac{a}{b}$ を比の値といいます。

みかんはりんごの $\frac{1}{2}$ の大きさ ⇔ みかんとりんごの大きさの比は 1:2

みかんといちごの大きさの比は 3:2 ⇔ みかんはいちごの $\frac{3}{2}$ の大きさ

---

(1) 四角形 EFGH は四角形 ABCD の ［ ア ］ の縮図だから，四角形 ABCD と四角形 EFGH の対応する辺の長さの比は 3:2 です。

答え 3:2

(2) 辺 FG に対応する辺は辺 BC です。

辺 BC は 9cm で，四角形 EFGH は四角形 ABCD の ［ ア ］ の縮図だから，

［ イ ］ × ［ ア ］ = $\frac{\overset{3}{\cancel{9}}}{1} \times \frac{2}{\cancel{3}_1} = 6$ （cm）

辺 BC の長さ

答え 6cm

対応する辺の長さの比はすべて等しいね。

(3) 対応する角の大きさは等しいから，角 B = 角 ［ ウ ］ = 70°

対応する角

答え 70°

答え (ア) $\frac{2}{3}$ (イ) 9 (ウ) F

例題

面積が求めやすい形をみつけよう。

次の図で，色をぬった部分の面積は何 cm² ですか。

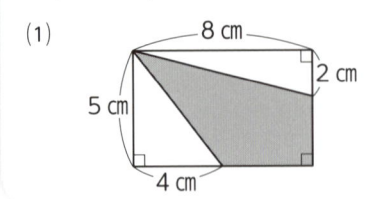

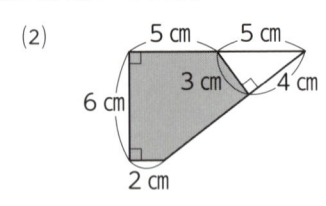

(1), (2)

面積を求める公式

三角形の面積＝底辺×高さ÷2

平行四辺形の面積＝底辺×高さ

台形の面積＝（上底＋下底）×高さ÷2

ひし形の面積＝対角線×対角線÷2

(1) 長方形の面積から，2つの三角形の面積をひいて求めます。

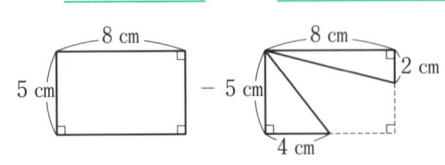

長方形の面積は，$5 \times 8 = 40$（cm²）
2つの三角形の面積は，
$4 \times 5 \div 2 = 10$（cm²），
$8 \times 2 \div 2 = 8$（cm²）

色をぬった部分の面積は，$40 - (10 + 8) = 22$（cm²）

　　　　　　　　　　　長方形の面積　　2つの三角形の面積の和

答え 22cm²

(2) 台形の面積から三角形の面積をひいて求めます。

直角の記号に注目しよう。

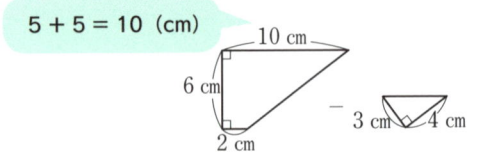

$5 + 5 = 10$（cm）

台形の面積は，
$(10 + 2) \times 6 \div 2 = 36$（cm²）
三角形の面積は，
$3 \times 4 \div 2 = 6$（cm²）

色をぬった部分の面積は，$36 - 6 = 30$（cm²）

　　　　　　　　　　　台形の面積　　三角形の面積

答え 30cm²

練習

図のどの辺のこと？

右の図の四角形 ABCD は 1辺 12cm の正方形で、四角形 BEFC は、辺 BC を底辺とみたときの高さが 9cm の平行四辺形です。三角形 GEF の面積は何 cm² ですか。

三角形の面積を求める公式は？

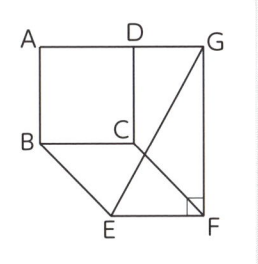

三角形の面積を求めるので、底辺と高さを調べます。
底辺を EF とすると、高さは GF です。

三角形の面積を求める公式は、(底辺)×(高さ)÷2 だよ。

右の図で、
GF = GI + IF で、GI = AB です。
四角形 ABCD は 1辺の長さが 12cm の
正方形なので、辺 AB、辺 BC の長さは
[(ア)] cm です。

四角形 BEFC は底辺 BC の長さが 12cm、
高さが 9cm の平行四辺形だから、

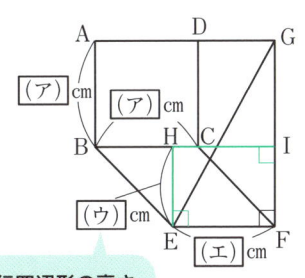

辺 BC と辺 [(イ)] の長さは等しく、直線 HE の長さは [(ウ)] cm です。

平行四辺形の向かい合う辺の長さは等しいね。

EF = [(エ)] cm, GF = 12 + [(オ)] = 21 (cm)

直線 GI の長さ　**直線 IF の長さ**

よって、三角形 GEF の面積は、[(エ)] × 21 ÷ [(カ)] = 126 (cm²)

底辺　**高さ**

答え 126cm²

答え (ア) 12　(イ) EF　(ウ) 9　(エ) 12　(オ) 9　(カ) 2

面積 89

例題

図1は，1辺の長さが16cmの正方形の中に直径16cmの半円を2つかいたもので，図2は，半径10cmの円の中にぴったり入る正方形をかいたものです。色をぬった部分の面積はそれぞれ何cm²ですか。円周率は3.14とします。

(1) 図1　16cm　16cm

(2) 図2　10cm

円の面積＝半径×半径×円周率（3.14）

(1) 形を分けたり移動させたりして考えます。

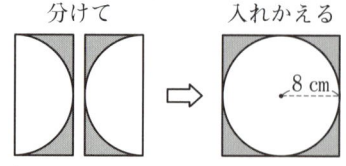

分けて　入れかえる　8cm

図を入れかえて考えるといいね。

1辺16cmの正方形の面積から半径8cmの円の面積をひいて求めます。
16×16 − 8×8×3.14 ＝ 256 − 200.96 ＝ 55.04（cm²）

正方形の面積　円の面積

答え　55.04cm²

(2) 半径10cmの円の面積から，底辺が10cm，高さが10cmの三角形の面積2つ分をひいて求めます。

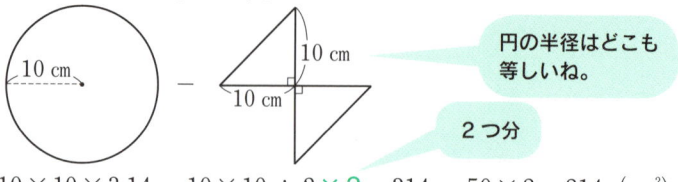

10cm　10cm　10cm

円の半径はどこも等しいね。

2つ分

10×10×3.14 − 10×10÷2×2 ＝ 314 − 50×2 ＝ 214（cm²）

円の面積　三角形の面積

答え　214cm²

練習

半径 7cm の円があり，図1は円とぴったりくっつくように円の外側に正方形をかいたもので，図2は円の内側にぴったり入る正方形をかいたものです。これについて，次の問題に答えましょう。円周率は 3.14 とします。

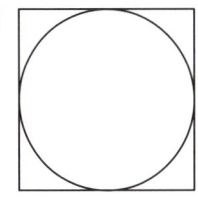

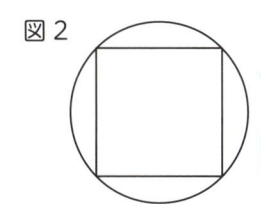

図1　図2

正方形の対角線は何cm？

(1) 図1の正方形の面積は，円の面積より何 cm² 大きいですか。
(2) 図2の正方形の面積は，円の面積より何 cm² 小さいですか。

正方形の面積を求めるために必要となる長さを調べよう。

(1) 正方形の 1辺の長さは，円の ⑦ と等しいので ⑦ cm です。

正方形の面積は， ⑦ × ⑦ ＝ 196 （cm²）

円の面積は， ⑦ × ⑦ × 3.14 ＝ 153.86 （cm²）

面積の差は， 196 － 153.86 ＝ 42.14 （cm²）

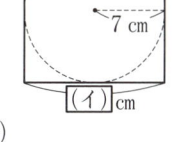

答え 42.14cm²

(2) 正方形の対角線の長さは，円の ㋓ と等しいので， ㋔ cm です。

正方形はひし形なので，面積は，対角線×対角線÷2 で求められる。

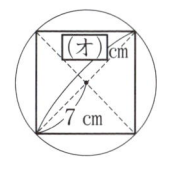

正方形の面積は， ㋔ × ㋔ ÷ 2 ＝ 98 （cm²）

面積の差は， 153.86 － 98 ＝ 55.86 （cm²）

答え 55.86cm²

円の面積は，(1)で求めたね。

答え ㋐ 直径　㋑ 14　㋒ 7　㋓ 直径　㋔ 14

例題

> 直方体の体積を求める公式は？

次の立体はそれぞれ<u>直方体</u>を組み合わせてできた立体です。立体の体積はそれぞれ何 cm³ ですか。

(1) 6 cm, 9 cm, 3 cm, 4 cm, 2 cm

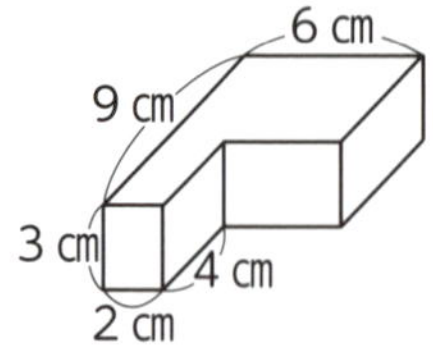

(2) 6 cm, 8 cm, 6 cm, 6 cm, 16 cm

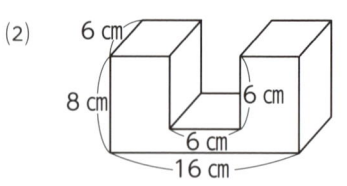

体積を求める公式
 立方体の体積＝1辺×1辺×1辺
 直方体の体積＝たて×横×高さ
 角柱の体積＝底面積×高さ　　円柱の体積＝底面積×高さ

(1) 立体を2つの直方体に分けて考えます。

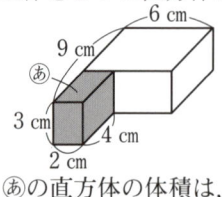

9－4＝5（cm）

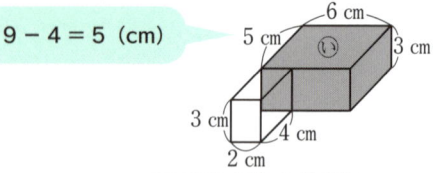

あの直方体の体積は，
$4 \times 2 \times 3 = 24$ （cm³）

いの直方体の体積は，
$5 \times 6 \times 3 = 90$ （cm³）

求める立体の体積は，24 ＋ 90 ＝ 114 （cm³）

　　　　　　　あの体積　　いの体積

答え 114cm³

(2) 大きい直方体から，うの部分をひいて求めます。 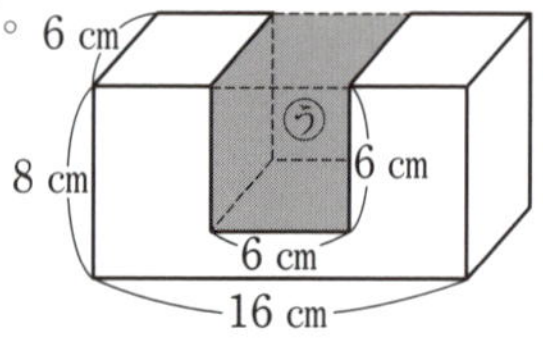
大きい直方体の体積は，$6 \times 16 \times 8 = 768$ （cm³）
うの部分の体積は，$6 \times 6 \times 6 = 216$ （cm³）
求める立体の体積は，768 － 216 ＝ 552 （cm³）

　　大きい直方体の体積　　うの体積

答え 552cm³

> 直方体を組み合わせた立体の体積の求め方はほかにもあるよ。

練習

次の立体の体積は、それぞれ何 cm³ ですか。円周率は 3.14 とします。

(1) 底面が台形の角柱

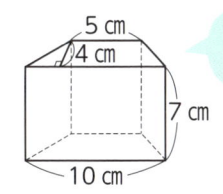

5 cm / 4 cm / 7 cm / 10 cm

角柱の体積を求める公式は？

(2) 円柱

8 cm / 15 cm

円柱の体積を求める公式は？

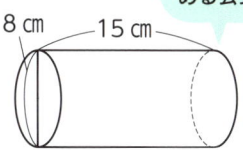

---

(1) まず、底面積を求めます。

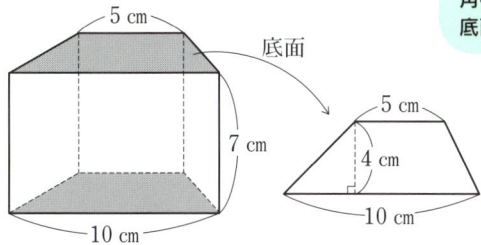

角柱の体積を求める公式は、底面積×高さだね。

台形の面積を求める公式は、(上底＋下底)×高さ÷2 だね。

底面の台形の面積は、(5 + [ア]) × 4 ÷ [イ] = 30 (cm²)

立体の体積は、30 × [ウ] = 210 (cm³)
　　　　　　　底面積　　高さ

答え 210cm³

(2) (1)と同じように、まず底面積を求めます。

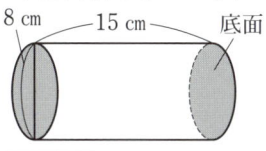

底面は円

底面の円の半径は、[エ] ÷ 2 = 4 (cm) なので、

底面の円の面積は、4 × 4 × [オ] = 50.24 (cm²)

立体の体積は、50.24 × [カ] = 753.6 (cm³)
　　　　　　　底面積　　高さ

答え 753.6cm³

答え (ア) 10　(イ) 2　(ウ) 7　(エ) 8　(オ) 3.14　(カ) 15

付録　**確認テスト**　　答え　P108

1 右の図は，円の中心のまわりを5等分して正五角形をかいたものです。これについて，次の問題に答えましょう。

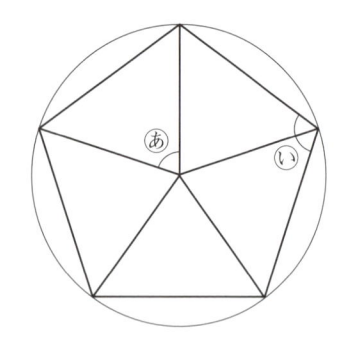

(1) ㋐の角の大きさは何度ですか。

(2) ㋑の角の大きさは何度ですか。

2 右の図は，直線アイを対称の軸とする線対称な図形です。また，点Oを対称の中心とする点対称な図形でもあります。これについて，次の問題に答えましょう。

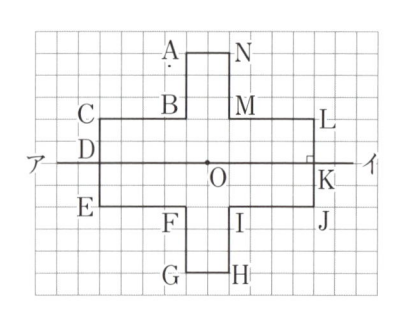

(1) 直線アイを対称の軸とする線対称な図形とみたとき，辺BCに対応する辺はどれですか。

(2) 点Oを対称の中心とする点対称な図形とみたとき，頂点Nに対応する頂点はどれですか。

(3) 直線LKの長さが3cmのとき，直線LJの長さは何cmですか。

3 右の図の2つの六角形は合同です。これについて，次の問題に答えましょう。

(1) 頂点オに対応する頂点はどれですか。

(2) 辺ウエに対応する辺はどれですか。

(3) 角シに対応する角はどれですか。

4 右の図は，実際の長さ50mを1cmに縮めて表した縮図です。公園は長方形の形をしていて，縮図上では，たて2.5cm，横4cmになっています。これについて，次の問題に答えましょう。

(1) 公園の実際のたての長さは何mですか。

(2) 公園の実際の面積は何m²ですか。

5 右の図の五角形 ABCDE で，辺 AE と辺 BC は平行です。五角形 ABCDE の面積は何 cm² ですか。

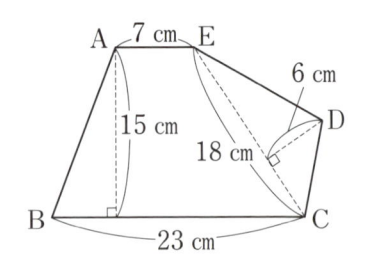

6 右の図は，点アを中心とする円の中にぴったり入る三角形 ABC をかいたものです。BC が直径のとき，色をぬった部分の面積は何 cm² ですか。円周率は 3.14 とします。

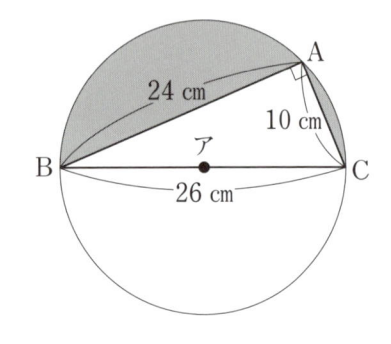

7 右の図の立体は，直方体を組み合わせてできた立体です。この立体の体積は何 cm³ ですか。

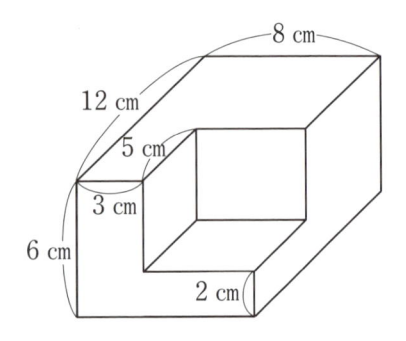

解答と解説

[実用数学技能検定 文章題練習帳 6級]

第1章　数と式に関する問題　p.40

解答

① 24cm

② バラ…11本　ユリ…7本

③ (1) 7.6m　(2) 1.2倍

④ (1) $2\frac{1}{10}$ 倍　(2) $\frac{3}{5}$ kg

⑤ $1 + 2 \times x$（本）

⑥ (1) 220g　(2) 232g

⑦ のぶやさんの家のかべのほうが 0.4L 多く使う

⑧ 252mL

⑨ 32個

解説

①
　タイルをならべてできる正方形のたての長さは 8 の倍数，横の長さは 6 の倍数になります。
　いちばん小さい正方形をつくるときを考えるので，8 と 6 の**最小公倍数**を考えます。
　8 の倍数は　8，16，㉔，32，…
　6 の倍数は　6，12，18，㉔，…
　8 と 6 の最小公倍数は 24 だから，求める 1 辺の長さは 24cm です。

　　　　　　答え　24cm

②
　どちらも同じ数ずつあまりが出ないように分け，できるだけ多くのセットをつくるので，88 と 56 の**最大公約数**を考えます。
　88 の約数は，
　①，②，④，⑧，11，22，44，88
　56 の約数は，
　①，②，④，7，⑧，14，28，56
　88 と 56 の最大公約数は 8 だから，バラとユリのセットを 8 セットつくります。
　バラの数は，$88 \div 8 = 11$（本）
　ユリの数は，$56 \div 8 = 7$（本）

　　　答え　バラ…11本　ユリ…7本

③
(1) （赤いテープの長さ）$\times 0.8 =$（白いテープの長さ）だから，
　　$9.5 \times 0.8 = 7.6$（m）

　　　　　　答え　7.6m

(2) 赤いテープの長さがもとにする量です。
　　（青いテープの長さ）$\div$（赤いテープの長さ）$= 11.4 \div 9.5 = 1.2$（倍）

　　　　　　答え　1.2倍

④
　帯分数は仮分数になおして計算します。分数でわる計算は，わる数の分母と分子を入れかえて（逆数にして）か

けます。

(1) さとうの重さがもとにする量です。

(小麦粉の重さ)÷(さとうの重さ)=

$2\frac{2}{5} \div 1\frac{1}{7} = \frac{12}{5} \div \frac{8}{7} = \frac{\overset{3}{\cancel{12}}}{5} \times \frac{7}{\underset{2}{\cancel{8}}}$

$= \frac{21}{10} = 2\frac{1}{10}$(倍)

答え $2\frac{1}{10}$ 倍

(2) 家にある小麦粉の重さを1とみたときに、$\frac{1}{4}$ にあたる重さを求めます。家にある小麦粉の重さは $2\frac{2}{5}$ kg なので、使った小麦粉の重さは、

$2\frac{2}{5} \times \frac{1}{4} = \frac{\overset{3}{\cancel{12}}}{5} \times \frac{1}{\underset{1}{\cancel{4}}} = \frac{3}{5}$(kg)

答え $\frac{3}{5}$ kg

❺

三角形を1個つくるごとに、使うマッチ棒の数は、2本ずつ増えています。三角形を x 個つくるときは、はじめの1本と、$2 \times x$（本）使うので、使うマッチ棒の数は、$1 + 2 \times x$（本）です。

答え $1 + 2 \times x$（本）

❻

(1) 平均＝合計÷個数で求められます。

重さの合計は、
$216 + 204 + 232 + 228 = 880$ (g)
重さの平均は、$880 \div 4 = 220$ (g)

答え 220g

(2) 合計＝平均×個数で求められます。

3個の重さの平均が216gなので、3個の重さの合計は、$216 \times 3 = 648$ (g) です。

(1)より、はじめの4個の重さの合計は880gだったので、
$880 - 648 = 232$ (g) 減っています。弟が食べたオレンジの重さは232gです。

答え 232g

❼

1Lで0.75m²のかべをぬれるので、のぶやさんの家のかべ3.6m²をぬるのに必要なペンキの量は、

```
0    1              □ (L)
├────┼──────────────┤
0   0.75    ×4.8   3.6(m²)
```

$3.6 \div 0.75 = 4.8$ (L)

よしきさんの家のかべ3.3m²をぬるのに必要なペンキの量は、

```
    0      1              □ (L)
    ├──────┼──────────────┤
    0    0.75            3.3 (m²)
              ×4.4
```

$3.3 ÷ 0.75 = 4.4$ (L)

のぶやさんの家のかべのほうがよしきさんの家のかべよりも

$4.8 − 4.4 = 0.4$ (L) 多く使います。

答え のぶやさんの家のかべのほうが0.4L 多く使う

（別の考え方）

のぶやさんの家のかべとよしきさんの家のかべでは，のぶやさんの家のかべの面積のほうが，

$3.6 − 3.3 = 0.3$ (m²) 大きいので，ペンキも多く使います。

0.3m² ぬるために必要なペンキの量は，

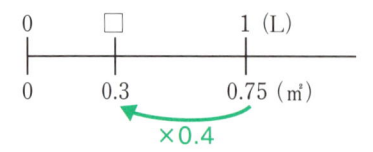

```
    0      □             1 (L)
    ├──────┼─────────────┤
    0     0.3          0.75 (m²)
              ×0.4
```

$0.3 ÷ 0.75 = 0.4$ (L)

のぶやさんの家のかべのほうが0.4L多く使います。

❽ コーヒーと牛乳の比が $5:3$ なので，牛乳の量は，コーヒーの量を1とみたときの $\frac{3}{5}$ にあたります。

```
        ÷5
    5 : 3  = 1 : 3/5
        ÷5
```

420mLの $\frac{3}{5}$ にあたる量を求めるので，

$420 × \frac{3}{5} = 252$ （mL）

答え 252mL

❾ 2人のビー玉の個数を合わせると，

$48 + 56 = 104$ （個）です。

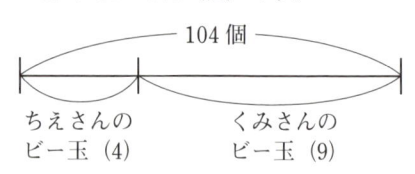

```
    ┌──────── 104個 ────────┐
    ├───────────┼───────────┤
    ちえさんの      くみさんの
    ビー玉 (4)     ビー玉 (9)
```

ちえさんとくみさんのビー玉の個数の比が $4:9$ になるように分けるので，合計のビー玉の個数を1とみると，ちえさんのビー玉の個数は $\frac{4}{4+9} = \frac{4}{13}$ になります。ちえさんのビー玉の個数は，

$104 × \frac{4}{13} = 32$ （個）

答え 32個

第2章 比例と反比例に関する問題 p.48

解答

❶ (1) 24

(2) $y = 6 × x$ （$y ÷ x = 6$, $x = y ÷ 6$）

(3) 14分

❷ (1) 405

(2) $y=135×x$ ($y÷x=135$, $x=y÷135$)

(3) 3375 個

③ (1) 8

(2) $y=48÷x$ ($x×y=48$, $x=48÷y$)

(3) 3.2cm

④ (1) $y=1800÷x$ ($x×y=1800$, $x=1800÷y$)

(2) 20 分　(3) 分速 30m

⑤ (1) 0.9kg

(2) $y=0.3×x$ ($y÷x=0.3$, $x=y÷0.3$)

(3) 8m

⑥ 比例…エ, 反比例…ア

解説

①

xの値が3倍, 5倍になると, yの値も3倍, 5倍になっているので, **xとyは比例の関係**です。

(1) 表を横に見ます。

時間 x(分)	1	2	3	4	5	6
水の量 y(L)	6		18	あ		30

×4　×4

xの値が4倍になるとyの値も4倍になるので, $6×4=24$

答え　24

(2) 比例の式は,
$y=$**きまった数**$×x$で表されます。
xの値が1のときyの値が6なので, きまった数は6
$y=6×x$

答え　$y=6×x$

($x×y=48$, $x=48÷y$)

(3) yの値が84のときのxの値を求めます。$84=6×x$より,
$x=84÷6=14$(分)

答え　14 分

②

xの値が2倍, 4倍になると, yの値も2倍, 4倍になっているので, **xとyは比例の関係**です。

(1) 表を横に見ます。

×3

時間 x(分)	1	2	3	4
製品の数 y(個)	135	270	い	540

×3

xの値が3倍になるとyの値も3倍になるので, $135×3=405$

答え　405

(2) 比例の式は,
$y=$**きまった数**$×x$で表されます。
xの値が1のときyの値が135なので, きまった数は135

よって，$y = 135 \times x$

答え $y = 135 \times x$

($y \div x = 135$, $x = y \div 135$)

(3) x の値が 25 のときの y の値を求めます。$y = 135 \times 25 = 3375$（個）

答え 3375 個

❸

x の値が 3 倍，4 倍になると，y の値が $\frac{1}{3}$ 倍，$\frac{1}{4}$ 倍になっているので，**x と y は反比例の関係**です。

(1) 表を横に見ます。

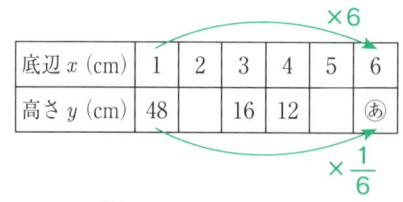

底辺 x (cm)	1	2	3	4	5	6
高さ y (cm)	48		16	12		あ

×6 ×$\frac{1}{6}$

x の値が 6 倍になると y の値は $\frac{1}{6}$ 倍になるので，$48 \times \frac{1}{6} = 8$

答え 8

(2) 反比例の式は，

$y =$ **きまった数** $\div x$ で表されます。

x の値が 1 のとき y の値が 48 なので，きまった数は 48

よって，$y = 48 \div x$

答え $y = 48 \div x$

($x \times y = 48$, $x = 48 \div y$)

(別の考え方)

平行四辺形の面積は，**面積 ＝ 底辺 ×** **高さ** で求められます。

底辺 x cm，高さ y cm，面積はいつも 48cm² なので，

$x \times y = 48$

(3) x の値が 15 のときの y の値を求めます。$y = 48 \div 15 = 3.2$（cm）

答え 3.2cm

❹

x の値が 2 倍，4 倍になると，y の値が $\frac{1}{2}$ 倍，$\frac{1}{4}$ 倍になっているので，**x と y は反比例の関係**です。

(1) 反比例の式は，

$y =$ **きまった数** $\div x$ で表されます。

1.8km ＝ 1800m より，道のり 1800m を分速 1m で進んだときにかかる時間は 1800 分です。x の値が 1 のとき y の値が 1800 なので，きまった数は 1800

よって，$y = 1800 \div x$

答え $y = 1800 \div x$

($x \times y = 1800$, $x = 1800 \div y$)

(別の考え方)

道のりは，**道のり ＝ 速さ × 時間** で求められます。

速さが分速 x m，時間が y 分，道のりはいつも 1.8km ＝ 1800m なので，

$x \times y = 1800$

(2) x の値が 90 のときの y の値を求めます。$y = 1800 \div 90 = 20$（分）

答え　20分

(3) 分速を求めるので，単位を分にそろえてから計算します。

1時間＝60分なので，

y の値が 60 のときの x の値を求めます。

$60 = 1800 \div x$ だから，

$x = 1800 \div 60 = 30$

よって，分速 30m

答え　分速 30m

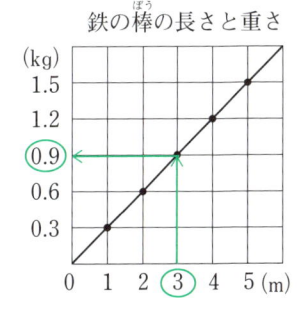

❺
(1)

鉄の棒の長さと重さ

グラフを読みます。横軸が長さを，たて軸が重さを表しています。

3m のときの重さは，0.9kg

答え　0.9kg

(2) x と y は比例の関係です。

x の値が 1 のとき y の値が 0.3 なので，きまった数は 0.3

答え　$y = 0.3 \times x$

($y \div x = 0.3$, $x = y \div 0.3$)

(3) y の値が 2.4 のときの x の値を求めます。$2.4 = 0.3 \times x$ なので，

$x = 2.4 \div 0.3 = 8$ (m)

答え　8m

❻

㋐〜㋓の x と y の関係を式にすると，次のようになります。

㋐…ひし形の面積＝対角線×対角線÷2 なので，

$80 = x \times y \div 2$

$160 = x \times y$

㋑…残りの道のり＝全体の道のり－進んだ道のり なので，

$y = 520 - x$

㋒…円の面積＝半径×半径×3.14（円周率）なので，

$y = x \times x \times 3.14$（円周率）

㋓…道のり＝速さ×時間 なので，

$y = 12 \times x$

$y = $ きまった数 $\times x$ の式で表される㋓が比例の関係，

$x \times y = $ きまった数つまり $y = $ きまった数 $\div x$ の式で表される㋐が反比例の関係です。

答え　比例…㋓，反比例…㋐

第 3 章　速さに関する問題 p.56

解答

❶ (1) 480m

　 (2) 分速 160m

2 (1) 分速85m
(2) 18分後　(3) 180m

(3) 15分

解説

1

(1) 道のりは、**道のり＝速さ×時間**で求めます。

ひろこさんが家から学校まで分速60mで歩くと8分かかるので、
60×8＝480（m）

　　　　答え　480m

(2) 速さは、**速さ＝道のり÷時間**で求めます。

お兄さんが家から学校までの480mの道のりを進むのに、自転車で3分かかるので、
480÷3＝160

　　　　答え　分速160m

(3) 時間は、**時間＝道のり÷速さ**で求めます。

分速60mで歩くときに何分かかるかを求めるので、単位はmにそろえて、0.9km＝900mとします。

ひろこさんが歩く速さは分速60mなので、
900÷60＝15（分）

　　　　答え　15分

2

(1) 速さは、**速さ＝道のり÷時間**で求めます。

ももさんは、4分間で340m進んだので、
340÷4＝85

　　　　答え　分速85m

(2) 時間は、**時間＝道のり÷速さ**で求めます。

(1)より、ももさんの歩く速さは分速85mで、コース全体の道のりは1530mなので、
1530÷85＝18（分）

　　　　答え　18分後

(3) 道のりは、**道のり＝速さ×時間**で求めます。

(2)より、ももさんがゴールしたとき、スタートしてから18分経っています。ねねさんの歩く速さは分速75mなので、ねねさんは18分で、75×18＝1350（m）歩きました。

ゴール地点までの残りの道のりは、1530－1350＝180（m）

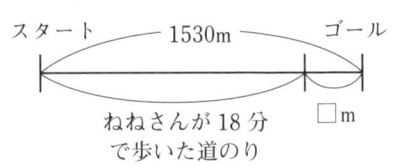

スタート ─── 1530m ─── ゴール
　　　　　　ねねさんが18分　　□m
　　　　　　で歩いた道のり

　　　　答え　180m

104

第4章 統計に関する問題 p.70

【解答】

① (1) 60 % (2) 108 %

② (1) 16 % (2) 山形県
   (3) 655000t

③ (1) 7人 (2) 26人
   (3) 15 %

④ (1) 150cm 以上 160cm 未満
   (2) 28人
   (3) 160cm 以上 170cm 未満

⑤ (1) 10とおり (2) 6とおり

⑥ 12とおり

⑦ (1) 4とおり (2) 8とおり

【解説】

①
(1) 割合は，**割合＝くらべる量÷もとにする量**で求めます。
もとにする量は工場Aの定員70人，くらべる量は希望者数42人なので，42÷70＝0.6
割合を百分率で表すとき，0.01が1％なので，0.6は60％

答え　60 %

(2) もとにする量は工場Bの定員50人，くらべる量は希望者数54人なので，54÷50＝1.08
1.08を百分率で表すと，108 %

答え　108 %

②
(1) グラフの目もりを読みます。愛媛県の生産量の割合は，19％から35％までで表されているので，
35－19＝16（％）

答え　16 %

(2) 福島県は，生産量の割合が
93－88＝5（％）なので，生産量の割合が5％の県をさがします。
他に生産量の割合が5％なのは，山形県です。

答え　山形県

(3) もとにする量がりんごの生産量です。
くらべる量が岩手県の生産量で39300t，割合はグラフより6％なので，**もとにする量＝くらべる量÷割合**より，
39300÷0.06＝655000（t）

答え　655000t

③
(1) 表の左側から30分以上1時間未満のはんいをさがし，右側の人数を読みます。表より，答えは7

105

人です。

テレビの視ちょう時間調べ

視ちょう時間	人数(人)
0分以上 ～ 30分未満	5
30分 ～ 1時間	7
1時間 ～ 1時間30分	4
1時間30分 ～ 2時間	6
2時間 ～ 2時間30分	2
2時間30分 ～ 3時間	2
合計	

答え　7人

(2) すべてのはんいの人数を合わせた数が、クラスの人数です。
5＋7＋4＋6＋2＋2＝26（人）

答え　26人

(3) 視ちょう時間が2時間以上2時間30分未満の人は2人、2時間30分以上3時間未満の人が2人います。視ちょう時間が2時間以上の人は、2＋2＝4（人）です。クラス全体は26人だから、26をもとにしたときの4の割合を求めます。4÷26＝0.153…

0.153…を百分率で表すと、15.3…％です。これを小数第1位で四捨五入して、15％

答え　15％

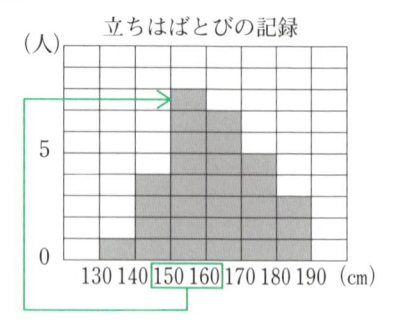

④　立ちはばとびの記録

(1) グラフより、人数がいちばん多いのは、150cm以上160cm未満のはんいです。

答え　150cm以上160cm未満

(2) すべてのはんいの人数を合わせた数が、クラスの人数です。
1＋4＋8＋7＋5＋3＝28（人）

答え　28人

(3) よいほうから数えて3番めまでの人は180cm以上190cm未満のはんい、4番めから8番めの人は170cm以上180cm未満のはんい、9番めから15番めまでの人は160cm以上170cm未満のはんいに入っています。けんたさんは15番めなので、160cm以上170cm未満のはんいです。

答え　160cm以上170cm未満

⑤
(1) 落ちや重なりがないように、図にかいて調べます。

い…いちご，み…みかん
メ…メロン，ぶ…ぶどう
レ…レモンとして，1列に2個ずつ○をつけて考えます。

い	○	○	○	○					
み	○				○	○	○		
メ		○			○			○	○
ぶ			○			○		○		○
レ				○			○		○	○

上の表より，選び方は全部で10とおりあります。

答え　10とおり

(2) 1個めはメロンと決まっているので，残りの4種類のあめから2種類選ぶ選び方を考えます。

い	○	○	○			
み	○			○	○	
ぶ		○		○		○
レ			○		○	○

上の表より，選び方は全部で6とおりあります。

答え　6とおり

６

食べ物は3種類から，飲み物は4種類から選びます。
ハンバーグ…ハ，ドリア…ド
エビフライ…エ
コーヒー…コ，紅茶…こ
オレンジジュース…オ
ウーロン茶…ウとしてかき出して組み合わせを調べます。

ハ―コ　ハ―こ　ハ―オ　ハ―ウ
ド―コ　ド―こ　ド―オ　ド―ウ
エ―コ　エ―こ　エ―オ　エ―ウ

選び方は，全部で12とおりです。

答え　12とおり

７

(1) 表が出ることを㋧，裏が出ることを㋱として，図にかいて考えます。

1回め　2回め　3回め

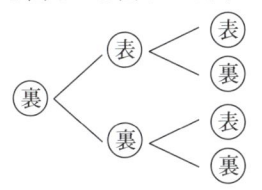

㋱ ─┬─ 表 ─┬─ 表
　　│　　　└─ 裏
　　└─ 裏 ─┬─ 表
　　　　　　└─ 裏

出方は4とおりです。

答え　4とおり

(2) 1回めが表となる出方を調べると，下の図のようになります。

1回め　2回め　3回め

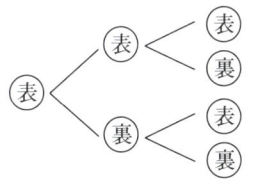

表 ─┬─ 表 ─┬─ 表
　　│　　　└─ 裏
　　└─ 裏 ─┬─ 表
　　　　　　└─ 裏

1回めが裏となる出方と表となる出方をたして，全部で4＋4＝8（とおり）

答え　8とおり

付録　図形に関する問題　p.94

解答

① (1) 72°　(2) 108°

② (1) 辺FE　(2) 頂点G
　(3) 6cm

③ (1) 頂点コ　(2) 辺クケ
　(3) 角ア

④ (1) 125m　(2) 25000m²

⑤ 279cm²

⑥ 145.33cm²

⑦ 476cm³

解説

①

(1) 円の中心のまわりの角の大きさは360°

あの角の大きさは，この角を5等分したものなので，

360°÷5＝72°

答え　72°

(2) 円の半径はどれも等しいので，図の5つの三角形はどれも二等辺三角形です。

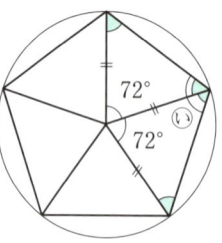

二等辺三角形には，大きさの等しい角が2つあります。その等しい2つの角の大きさは，180°からあの角の大きさをひいたものの半分なので，

(180°－72°)÷2＝54°

◯の角の大きさは54°の2つ分だから，54°×2＝108°

答え　108°

②

(1) 直線アイで図形を折ったとき，頂点Bとぴったり重なる点は頂点F，頂点Cとぴったり重なる点は頂点Eなので，辺BCに対応する辺は辺FE

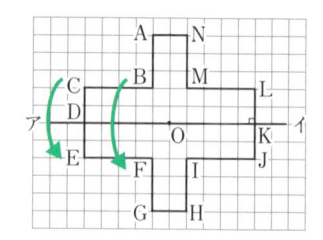

答え　辺FE

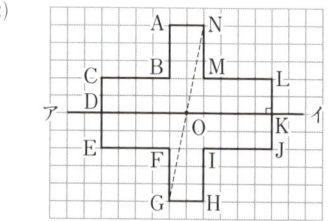

(2) 頂点Nに対応する頂点は，点Oを中心にして180°回転させたときにぴったり重なる点で，頂点Nと点Oを通る直線の上にありま

108

す。頂点 N と対応する頂点は頂点 G

答え　頂点 G

(3) 図形を直線アイで折ったとき，直線 JK と直線 LK はぴったり重なるから，直線 JK の長さは 3cm
よって，直線 LJ の長さは，
3 ＋ 3 ＝ 6（cm）

答え　6cm

❸

合同な 2 つの図形は，ぴったりと重ね合わせることができ，ぴったり重なる頂点，辺，角をそれぞれ対応する頂点，対応する辺，対応する角といいます。

(1) 六角形キクケコサシの向きを，六角形アイウエオカの向きにそろえて考えます。

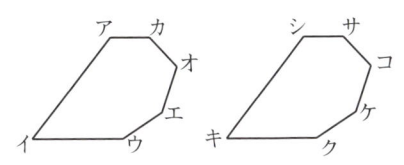

2 つの図形をぴったり重ねたとき，頂点オと重なる点は頂点コ

答え　頂点コ

(2) 頂点ウに対応する頂点は頂点ク，頂点エに対応する頂点は頂点ケだから，辺ウエに対応する辺は辺クケ

答え　辺クケ

(3) 角シとぴったり重なる角は角ア

答え　角ア

❹

(1) 縮図上での 1cm が実際での 50m ＝ 5000cm なので，実際の長さは縮図上の長さの 5000 倍です。
縮図上の 2.5cm を 5000 倍すると，2.5 × 5000 ＝ 12500（cm）
12500cm ＝ 125m

答え　125m

(2) 公園の実際のたての長さは，(1)より，125m
横の長さは，
4 × 5000 ＝ 20000（cm）だから，
20000cm ＝ 200m
実際の面積は，
125 × 200 ＝ 25000（m²）

答え　25000m²

❺

図を直線 EC で分けて，台形の面積と三角形の面積を合わせます。

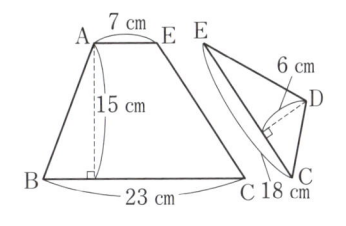

台形の面積 ＝（上底＋下底）× 高さ ÷ 2 だから，台形 ABCE の面積は，

$(7 + 23) \times 15 \div 2 = 225$ (cm²)

三角形の面積＝底辺×高さ÷2 だから，三角形 ECD の面積は，

$18 \times 6 \div 2 = 54$ (cm²)

五角形 ABCDE の面積は，

$225 + 54 = 279$ (cm²)

答え　279cm²

❻

半円の面積から三角形 ABC の面積をひいて求めます。

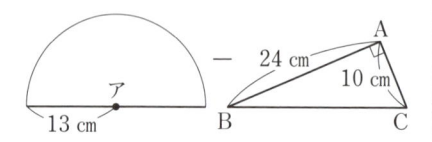

円の面積＝半径×半径×3.14（円周率） で，半円の面積は，円の面積の半分です。

円の半径は $26 \div 2 = 13$ (cm) だから，半円の面積は，

$13 \times 13 \times 3.14 \div 2 = 265.33$ (cm²)

三角形 ABC の面積は，

$10 \times 24 \div 2 = 120$ (cm²)

色をぬった部分の面積は，

$265.33 - 120 = 145.33$ (cm²)

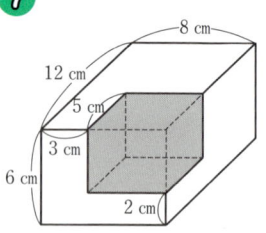

答え　145.33cm²

❼

たて 12cm，横 8cm，高さ 6cm の大きい直方体の体積から，たて 5cm，横 $8 - 3 = 5$ (cm)，高さ $6 - 2 = 4$ (cm) の小さい直方体の体積をひいて求めます。

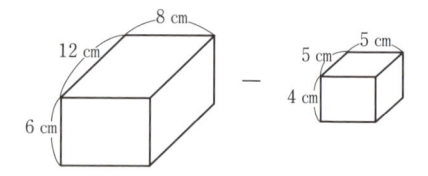

直方体の体積＝たて×横×高さ だから，大きい直方体の体積は，

$12 \times 8 \times 6 = 576$ (cm³)

小さい直方体の体積は，

$5 \times 5 \times 4 = 100$ (cm³)

よって，$576 - 100 = 476$ (cm³)

答え　476cm³

110

- 執筆・編集協力：有限会社マイプラン
- DTP：藤原印刷株式会社
- カバーデザイン：星 光信（Xing Design）
- カバーイラスト：たじま なおと

実用数学技能検定　文章題練習帳　算数検定6級

2015年10月16日　初　版発行
2025年 7 月 7 日　第 4 刷発行

編　　者　　公益財団法人 日本数学検定協会
発 行 者　　髙田 忍
発 行 所　　公益財団法人 日本数学検定協会
　　　　　　〒110-0005 東京都台東区上野五丁目1番1号
　　　　　　FAX 03-5812-8346
　　　　　　https://www.su-gaku.net/
発 売 所　　丸善出版株式会社
　　　　　　〒101-0051 東京都千代田区神田神保町二丁目17番
　　　　　　TEL 03-3512-3256　FAX 03-3512-3270
　　　　　　https://www.maruzen-publishing.co.jp/
印刷・製本　藤原印刷株式会社

ISBN978-4-901647-56-4　C0041

©The Mathematics Certification Institute of Japan 2015 Printed in Japan

＊落丁・乱丁本はお取り替えいたします。
＊本書の内容の全部または一部を無断で複写複製（コピー）することは著作権法上での例外を除き、禁じられています。
＊本書の内容についてお気づきの点は、書名を明記の上、公益財団法人日本数学検定協会宛に郵送・FAX(03-5812-8346)いただくか、当協会ホームページの「お問合せ」をご利用ください。電話での質問はお受けできません。また、正誤以外の詳細な解説指導や質問対応は行っておりません。